人居

新景观

第二届AHLA亚洲
人居景观奖精选

朱玲 主编

化学工业出版社

全国百佳图书出版单位

内 容 简 介

　　本书精选了第二届AHLA亚洲人居景观奖的部分获奖项目，涉及公共景观类、文旅酒店类、社区景观类、美学展示类、庭园花园类等五个项目类别，从不同角度对理想的人居景观进行了诠释。书中对每个项目的基本情况、设计理念与总体方案、详细设计与措施、建成效果都进行了分析和展示，对于有特色的景观节点还借助扩初设计、施工图设计等图纸进行深入剖析，有助于读者从整体到细部地理解一个项目的建设过程。

　　本书适合公共园林、房地产景观的设计师和建设者，以及风景园林、环境艺术等相关专业的学生和教师阅读使用。

图书在版编目（CIP）数据

人居新景观：第二届AHLA亚洲人居景观奖精选／朱玲主编． -- 北京：化学工业出版社，2023.8
　ISBN 978-7-122-43503-3

　Ⅰ．①人…　Ⅱ．①朱…　Ⅲ．①居住区—景观设计—作品集—世界—现代　Ⅳ．①TU984.12

　中国国家版本馆CIP数据核字（2023）第087640号

责任编辑：毕小山　　　　　　　　　　　　　　　　装帧设计：对白广告
责任校对：李雨函

出版发行：化学工业出版社（北京市东城区青年湖南街13号　邮政编码100011）
印　　装：河北京平诚乾印刷有限公司
787mm×1092mm　1/16　印张20½　字数452千字　2023年8月北京第1版第1次印刷

购书咨询：010-64518888　　　　　售后服务：010-64518899
网　　　址：http://www.cip.com.cn
凡购买本书，如有缺损质量问题，本社销售中心负责调换。

定　　价：198.00元　　　　　　　　　　　　　　版权所有　违者必究

编写人员名单

主　编：朱　玲　天津大学 风景园林系主任 教授

副主编：赖文波　华南理工大学建筑学院 院长助理 副教授

　　　　周旭山　景观周、AHLA 亚洲人居景观奖创办人

其他编写人员：

　　　　李　卉　WTD 纬图设计

　　　　杨　茜　成都赛肯思创享生活景观设计股份有限公司

　　　　黄剑锋　SED 新西林景观国际

　　　　谭贡亮　深圳市迈丘景观规划设计有限公司

　　　　丘　戈　深圳市杰地景观规划设计有限公司（GND 杰地
　　　　　　　　景观）

　　　　陈普核　DAOYUAN|道远设计

　　　　张方法　深圳市派澜景观规划设计有限公司

　　　　黄永辉　重庆沃亚景观规划设计有限公司

　　　　方仲伯　上海以和景观设计有限公司

　　　　姜　海　奥雅股份

　　　　陈恺然　GVL 怡境国际设计集团

　　　　孙　瀚　澜道设计机构

　　　　曾　敏　重庆蓝调城市景观规划设计有限公司

　　　　宋　玮　ACA 麦垦景观

　　　　韩敏学　浙江安道设计股份有限公司（antao 安道）

　　　　赵　瑜　上海艾源筑景景观设计有限公司

　　　　张　彬　四川乐道景观设计有限公司

　　　　王振宇　沈阳建筑大学 HA+Studio

前　言

朱玲，博士，国家一级注册建筑师，天津大学英才教授，城乡生态及景观协同创新发展研究中心主任，风景园林系主任，天津大学建筑设计规划研究总院总景观师，博士生导师，英国谢菲尔德大学访问学者。辽宁省工程设计大师，享受国务院政府特殊津贴，辽宁省五一劳动奖章获得者。

主要研究方向：城乡景观与城市设计、生态景观规划与设计、乡村人居环境与生态协同创新发展、建筑规划风景园林一体化。

主要社会职务：教育部高等学校建筑类专业教学指导委员会风景园林专业教学指导分委员会委员，乡村建设高校联盟专家委员会副主任，乡村建设高校联盟人居环境专委会主任，中国风景园林学会教育工作委员会副主任委员，中国风景园林学会女风景园林师分会常务理事，中国建筑学会建筑师分会建筑策划与后评估委员会理事，中国花卉园艺与园林绿化行业协会副秘书长，中国建筑学会园林景观分会理事。

　　风景园林是人类与自然交融的壮美艺术，它将大自然的瑰丽与人的文化理念有机地结合，成为人类文明的重要组成部。在这样一个充满生机的领域，我们不断地反思自己的理想和使命，思考如何让风景园林更好地为地球以及万物和人类的健康服务。自然是景观设计永恒的主题，它是我们生存和发展的基础。在城市更新和生态修复中，让地球健康发展是现代社会最重要的话题之一，也是人居环境理想的重要目标。我们在"第二届AHLA亚洲人居景观奖"的获奖作品当中看到，虽然大家诠释的方法不同，但是这一核心价值观却是一致的。

　　"人生代代无穷已，江月年年只相似。"人们常常感慨时间的流逝和生命的短暂，也珍惜眼前的美好，对自然充满敬畏和崇拜。一个时代有一个时代的使命。风景园林的使命是什么？从提供一个让人们休息、放松和享受美好的环境之初，到肩负和谐地球永续发展，风景园林能做的永远比我们想象的多。当然，要实现风景园林的理想和使命，我们需要面对的是失控的人类活动和对自然环境的破坏。生态系统的良性缘于相互依存和共生关系，蜜蜂采集花蜜也帮花朵授粉，人类受恩惠于大自然，又能给大自然什么作为反馈呢？

万物皆有灵，草木亦有心。对自然的态度，不仅要有宽度、深度、厚度，更要有温度。一个健康的地球带给我们的不仅仅是食物和能量，更是愉悦和生机，这也是人类健康和幸福永续的源泉或本源。它的生长性和多层面需要我们从多维度来认知理解和关注维护。当前城市更新中非常重要的部分是人居环境的更新，加上时间的维度，允许它们慢慢地生长，慢慢地变好，慢慢地取得平衡。

景观既是客观存在更有主观感知，它不仅仅可以被观察和描述，还可以被感受和体验。风景园林的使命之一是让自然做功，创造一个可以让人们感受到自然的声音和力量的地方，它关系到人类的健康和幸福。在现代社会，人们的压力越来越大，精神和身体上的健康问题也越来越多。健康不仅是身体的健康，更是心理的健康和社会的健康。"五感"是人类感知世界的重要途径，我们通过景观设计和城市规划，创造能够激发五感的空间和场所，创造健康的空间和场所，让人们更好地感知和体验自然和文化，提高人们的生活质量和幸福感。毋庸置疑，文化的承载和社会公平的体现，在人居环境提升的当下也应予以广泛关注。

《人居新景观：第二届AHLA亚洲人居景观奖精选》将推荐一批用前沿的风景园林理念和方法，创造更加宜居和可持续的城市环境的设计实践。让我们能静静地倾听自然的声音和世界的美好，了解自然环境和人类之间的关系，思考如何让我们的设计和规划更加符合自然的和人类的需求。以期对自然生态的尊重和理解，让人们更好地与自然融为一体，让城市与自然和谐相处，营造健康的人居环境。

朱玲

2023年6月

目　录

公共景观类

沈阳华润置地 · 时代公园

项目地点：辽宁省沈阳市
项目面积：4.85 万平方米（一期）
设计单位：沈阳建筑大学 HA+Studio
核心团队：朱玲、刘一达、魏宜、王振宇、郑志宇、胡振国、
　　　　　　冷雪冬、吴学成、王翀、石潇铃、王牧原、张萌
甲　　方：沈阳华润置地
景观施工图：沈阳绿野建筑景观环境设计有限公司
施工单位：深圳时代装饰股份有限公司、沈阳金域景观绿化
　　　　　　工程有限公司
摄　　影：ZOOM 琢墨建筑摄影

一、项目概述

　　"时代公园"项目位于沈阳市大东区沈海热电厂及东贸库地块，由沈阳华润置地代建。设计依据政府"存量提质"的城市更新政策，通过设计实践尝试激活文化复兴、织补生态短板、构建完整社区，共同达成具有社会公平的空间平权。设计方案保留并提取了沈海热电厂、东贸库及沈海铁路"基因"，将文化与景观设计结合，共同满足社会的物质与精神需求。场地文化性的特质、设计人本需求的注重是对多维度城市更新的解题，是城市更新中空间平权实现的新途径。

"时代公园"项目一期建设面积约48500m²，场地原属于沈阳储运集团公司第一分公司。于1950年在此建设仓库群，以仓储、运输、物流配送为主，俗称"东贸库"，是沈阳市现存建设年代最早、规模最大、保存最完整的民用仓储建筑群。沈海热电厂始建于1988年4月，是"七五"期间国家重点能源建设项目，曾被评为全国电力系统一流火力发电厂，在一个时代中的城市能源供给方面功不可没。

项目区位分析

登环廊，览公园，曲折而上的楼梯与东贸库山墙"基因"转译的时代之门是时光在昼与夜间的穿梭

随着时代的飞速发展，原本在场地上的沈海热电厂、沈海铁路、东贸库的三重历史文化相互交织，在城市界面上形成了具有特色的城市肌理，并且承载了不同年代人群的记忆。场地所处区域的生态问题、丰富的文化属性、市民居住的社会性使场地成为一个多元素复杂的系统。三者在时间与空间的维度中错综复杂地交织在一起，难分难解。对三者关系的解题即是"时代公园"设计的答案。

二、设计理念

1. 理念一：织补生态空间短板

设计方案整体确定了"一个绿色基底"的调性。利用其独有的柔性、流动和渗透的特质，对城市肌理和公共空间的破碎区和片段区进行填补和修复，融入城市结构，成为织补和整合被现代城市建设肢解的城市肌理和公共空间的"黏合剂"。同时运用"生态种植"与"景观种植"两种手法，打造多样的生态景观空间：可卧草坪沐阳光，可于林下乘夏凉，可对花田描秀图，又行林下谈天长。

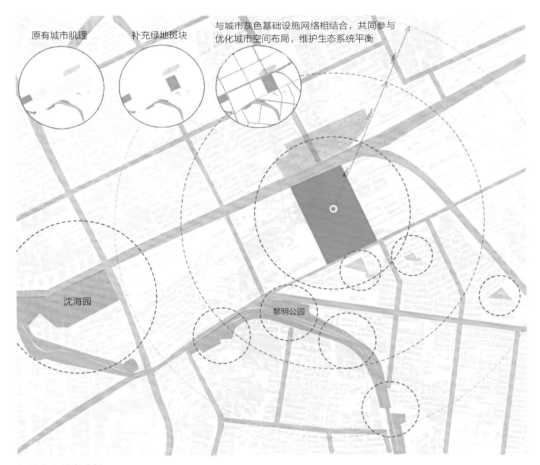

织补生态绿廊分析

组团式种植手法形成空间丰富、色彩动态变化的低维护生态群落

2. 理念二：激活城市文化复兴

城市文化是一个城市历史基因、历史遗迹和人文要素的浓缩点，代表城市形象，是城市"活着"的记忆。城市更新的基调就是从增量建设到存量提质。存量城市文化景观设计的本质就是旧地的更新，其历史元素有天然的符号性。在激活城市文化复兴的设计策略中，保留了城市记忆的母题：将场地中原有的沈海热电厂冷凝塔基座进行保留，与

东贸库建筑内部结构原貌

东贸库建筑元素和铁轨元素相融合，保留城市记忆。沈海热电厂冷凝塔基座、沈海铁路的铁轨、融入东贸库山墙元素的广场大门，通过内容与功能上异质，在历史的细节中依然是当下的生活氛围。

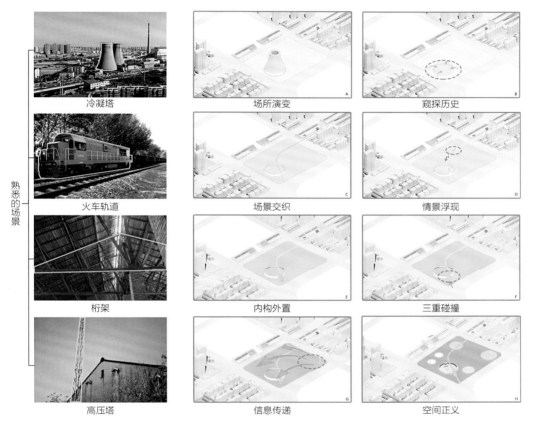

文化属性的应对分析

以植入新活动的方式来提升广场活力，确立"儿童秀场"的核心主题。打造了一个巨大的中心主题表演舞台，配合音乐喷泉，承载孩子的才艺汇报演出、小型发布会等活动内容。

利用冷凝塔基座的顶部结构打造了一条空中廊道，游人通过西南入口折行楼梯与场地内的环形楼梯登上廊道，登高远望俯瞰整个公园，增加场地空间层次，让活力不局限于同一个空间层级。

整个冷凝塔在夜间像是一轮太阳，月牙形的喷泉位于中央。设计师以这样的空间形式致敬沈海热电厂冷凝塔在那些过去的年代，在城市能源供给上做出的贡献。

"城市更新"是一个重新塑造城市文化载体的过程，是在埋葬历史的同时竭尽所能地传递历史，又竭尽所能地还于今夕。

时代公园西北入口

冷凝塔广场音乐喷泉夜景

冷凝塔复建基座顶部廊道

冷凝塔复建基座夜景鸟瞰

· 激发城市文化复兴
文化动线

木桁架的转译

冷凝塔基座的保留

沈海老铁轨的延续

东贸库红砖新的使命

文化动线分析

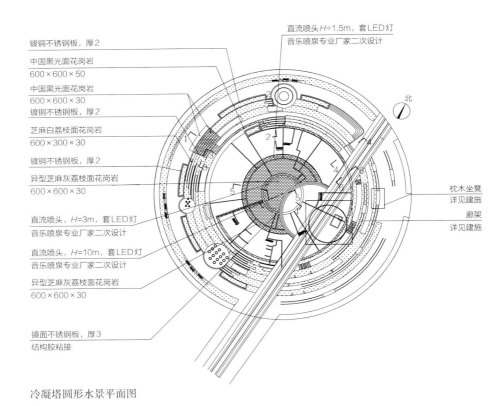

镀铜不锈钢板，厚2

中国黑面光面花岗岩
600×600×50

中国黑面光面花岗岩
600×600×30

镀铜不锈钢板，厚2

芝麻白荔枝面花岗岩
600×300×30

镀铜不锈钢板，厚2

异型芝麻灰荔枝面花岗岩
600×600×30

直流喷头，H=3m，套LED灯
音乐喷泉专业厂家二次设计

直流喷头，H=10m，套LED灯
音乐喷泉专业厂家二次设计

异型芝麻灰荔枝面花岗岩
600×600×30

镜面不锈钢板，厚3
结构胶粘接

直流喷头 H=1.5m，套LED灯
音乐喷泉专业厂家二次设计

北

枕木坐凳
详见建施

廊架
详见建施

冷凝塔圆形水景平面图

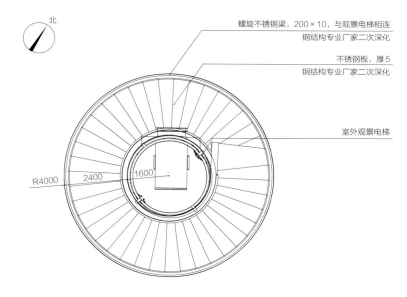

北

螺旋不锈钢梁，200×10，与观景电梯相连
钢结构专业厂家二次深化

不锈钢板，厚5
钢结构专业厂家二次深化

室外观景电梯

R4000   2400   1600

旋转楼梯平面图

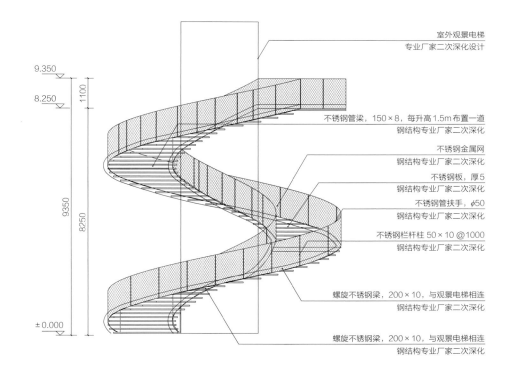

室外观景电梯
专业厂家二次深化设计

9.350

8.250

1100

9350

8250

不锈钢管梁，150×8，每升高1.5m布置一道
钢结构专业厂家二次深化

不锈钢金属网
钢结构专业厂家二次深化

不锈钢板，厚5
钢结构专业厂家二次深化

不锈钢管扶手，φ50
钢结构专业厂家二次深化

不锈钢栏杆柱 50×10 @1000
钢结构专业厂家二次深化

螺旋不锈钢梁，200×10，与观景电梯相连
钢结构专业厂家二次深化

±0.000

螺旋不锈钢梁，200×10，与观景电梯相连
钢结构专业厂家二次深化

旋转楼梯立面图

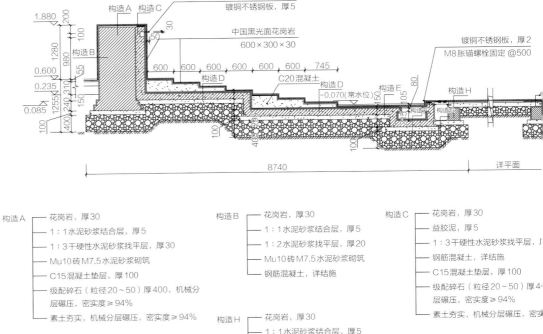

构造A —— 花岗岩，厚30
—— 1：1水泥砂浆结合层，厚5
—— 1：3干硬性水泥砂浆找平层，厚30
—— Mu10砖M7.5水泥砂浆砌筑
—— C15混凝土垫层，厚100
—— 级配碎石（粒径20～50）厚400，机械分
层碾压，密实度≥94%
—— 素土夯实，机械分层碾压，密实度≥94%

构造B —— 花岗岩，厚30
—— 1：1水泥砂浆结合层，厚5
—— 1：2水泥砂浆找平层，厚20
—— Mu10砖M7.5水泥砂浆砌筑
—— 钢筋混凝土，详结施

构造C —— 花岗岩，厚30
—— 益胶泥，厚5
—— 1：3干硬性水泥砂浆找平层，厚30
—— 钢筋混凝土，详结施
—— C15混凝土垫层，厚100
—— 级配碎石（粒径20～50）厚4
层碾压，密实度≥94%
—— 素土夯实，机械分层碾压，密实

构造H —— 花岗岩，厚30
—— 1：1水泥砂浆结合层，厚5
—— 1：3干硬性水泥砂浆找平层，厚30
—— C20混凝土垫层，厚100，φ8@200双层双向
—— 1：2防水砂浆，厚20
—— Mu10砖M7.5水泥砂浆砌筑
—— C15混凝土垫层，厚100
—— 级配碎石（粒径20～50）厚200，机械分层碾
压，密实度≥94%
—— 素土夯实，机械分层碾压，密实度≥94%

构造G —— 1：2防水砂浆，厚20
—— C15混凝土垫层，厚100
—— 级配碎石（粒径20～50）厚200，机械分
层碾压，密实度≥94%
—— 素土夯实，机械分层碾压，密实度≥94%

1–1 剖面图

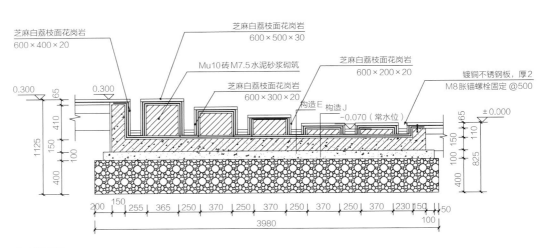

2–2 剖面图

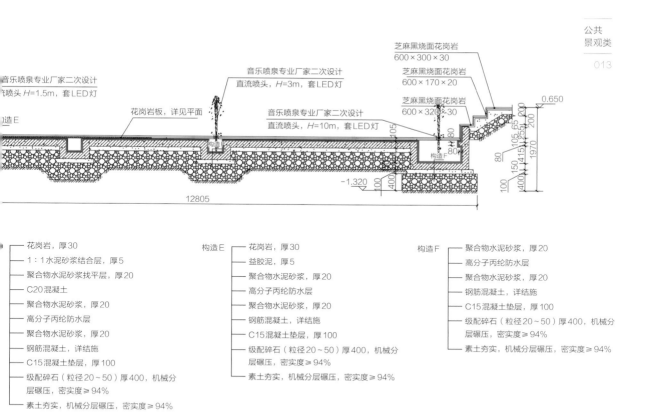

芝麻黑烧面花岗岩
600×300×30

芝麻黑烧面花岗岩
600×170×20

芝麻黑烧面花岗岩
600×320×30

音乐喷泉专业厂家二次设计
喷头 H=1.5m，套LED灯

音乐喷泉专业厂家二次设计
直流喷头，H=3m，套LED灯

花岗岩板，详见平面

音乐喷泉专业厂家二次设计
直流喷头，H=10m，套LED灯

构造E

构造F

0.650

-1.320

12805

构造E		构造F
花岗岩，厚30	花岗岩，厚30	聚合物水泥砂浆，厚20
1∶1水泥砂浆结合层，厚5	益胶泥，厚5	高分子丙纶防水层
聚合物水泥砂浆找平层，厚20	聚合物水泥砂浆，厚20	聚合物水泥砂浆，厚20
C20混凝土	高分子丙纶防水层	钢筋混凝土，详结施
聚合物水泥砂浆，厚20	聚合物水泥砂浆，厚20	C15混凝土垫层，厚100
高分子丙纶防水层	钢筋混凝土，详结施	级配碎石（粒径20～50）厚400，机械分层碾压，密实度≥94%
聚合物水泥砂浆，厚20	C15混凝土垫层，厚100	素土夯实，机械分层碾压，密实度≥94%
钢筋混凝土，详结施	级配碎石（粒径20～50）厚400，机械分层碾压，密实度≥94%	
C15混凝土垫层，厚100	素土夯实，机械分层碾压，密实度≥94%	
级配碎石（粒径20～50）厚400，机械分层碾压，密实度≥94%		
素土夯实，机械分层碾压，密实度≥94%		

构造E		构造J
花岗岩，厚30		花岗岩，厚30
益胶泥，厚5		益胶泥，厚5
聚合物水泥砂浆，厚20		聚合物水泥砂浆，厚20
高分子丙纶防水层		高分子丙纶防水层
聚合物水泥砂浆，厚20		聚合物水泥砂浆，厚20
钢筋混凝土，详结施		Mu10砖 M7.5水泥砂浆砌筑
C15混凝土垫层，厚100		聚合物水泥砂浆，厚20
级配碎石（粒径20～50）厚400，机械分层碾压，密实度≥94%		高分子丙纶防水层
素土夯实，机械分层碾压，密实度≥94%		聚合物水泥砂浆，厚20
		钢筋混凝土，详结施
		C15混凝土垫层，厚100
		级配碎石（粒径20～50）厚400，机械分层碾压，密实度≥94%
		素土夯实，机械分层碾压，密实度≥94%

3. 理念三：促进完整社区形成

受限于场地的局限性，当下城市社区的功能常有缺失。而城市内的公共空间则有义务去弥补社区功能上的缺失。

设计为居住在周围的城市居民提供健康的生活环境，满足社会需求，建立长效的生

融合了交流、休憩、园艺活动等不同年龄段复合功能的园艺种植手作空间

活方式。并置入新的区域健康活力热点，赋予乐活的场地概念。复合功能的交流模块被置于林下，圆形围合的硬质景观与自然形态的软质景观有机结合。让复合功能模块在一条以"软景"为主的动线中成为最"宜留、宜聚"的空间，以提高空间首选性来化解邻里关系的冷漠，先在此相遇而后又相熟。

疗愈种植盒子、微型水车、结合花箱的环形座椅，是林间路上窥见的园艺疗愈

一凳多用、一桌多用的可移动景观小品在秘密花园中打造了适宜不同人群尺度的奇趣空间

在一个"小微空间"中，设计了情感交流、园艺活动、儿童戏水、辨识花卉与色彩等一系列的活动，"去年龄、近距离、多复合"，使得多年龄层次人群在公共空间中均可"得其所"，均可有交互，全方位覆盖各年龄段使用人群，对社区功能类型进行补充，提供健康疗愈空间。引导居民健康生活，提高社区结构完整度。

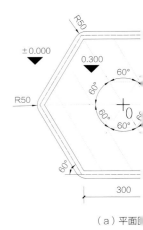

（a）平面图

休闲坐凳详细设计

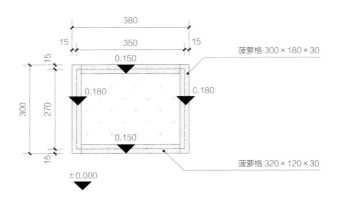

（a）平面图

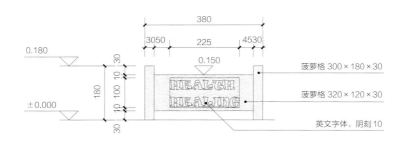

（b）立面图

小花箱详细设计

1：2.5水泥砂浆，厚20

镀锌角钢，30×3
外饰深灰色氟碳漆

镀锌钢板 厚2 弯折成型
外饰黑色氟碳漆

可移动座椅
详见建施

秘密花园平面图

萝格 L×95×50

玻璃钢
专业厂家二次设计

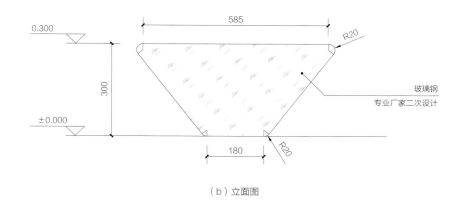

585

R20

0.300

300

±0.000

180

R20

玻璃钢
专业厂家二次设计

（b）立面图

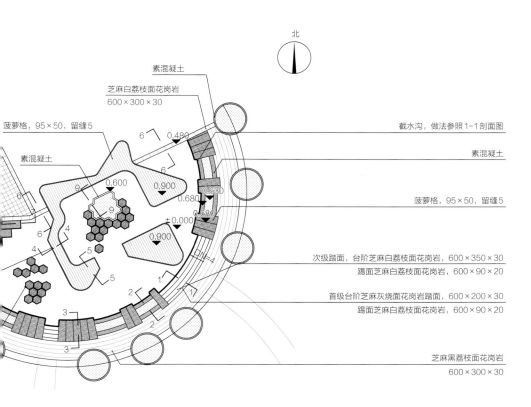

北

素混凝土

芝麻白荔枝面花岗岩
600×300×30

菠萝格，95×50，留缝5

素混凝土

0.480

0.600

0.900

0.680

0.630

0.680

±0.000

0.900

截水沟，做法参照1-1剖面图

素混凝土

菠萝格，95×50，留缝5

次级踏面，台阶芝麻白荔枝面花岗岩，600×350×30
踢面芝麻白荔枝面花岗岩，600×90×20
首级台阶芝麻灰烧面花岗岩踏面，600×200×30
踢面芝麻白荔枝面花岗岩，600×90×20

芝麻黑荔枝面花岗岩
600×300×30

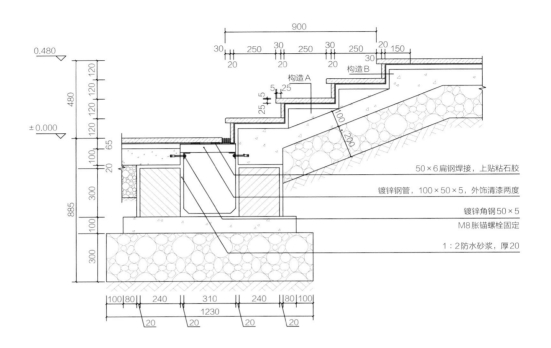

50×6扁钢焊接，上贴粘石胶

镀锌钢管，100×50×5，外饰清漆两度

镀锌角钢50×5

M8胀锚螺栓固定

1：2防水砂浆，厚20

构造A —— 花岗岩，厚30

—— 1：1水泥砂浆结合层，厚5

—— 1：3干硬性水泥砂浆找平层，厚30

—— C20混凝土，$\phi 8@200$，单层双向，厚100

—— 级配碎石（粒径20~50）厚200，机械分层压实，密实度≥94%

—— 素土回填，原土夯实，机械分层压实，密实度≥94%

构造B —— 花岗岩，厚20

—— 1：1水泥砂浆结合层，厚5

—— 1：2.5水泥砂浆找平层，厚20

—— C20混凝土，$\phi 8@200$，单层双向

1-1 剖面图

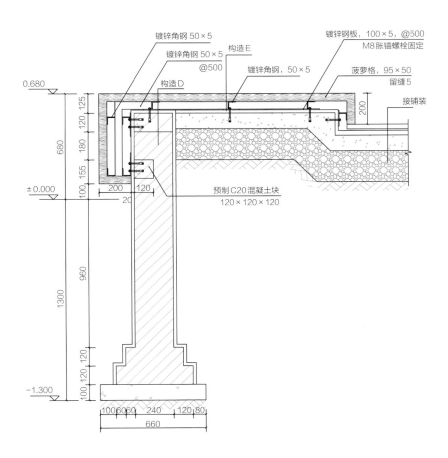

镀锌角钢 50×5
镀锌角钢 50×5 @500
构造 E
构造 D
镀锌角钢，50×5
镀锌钢板，100×5，@500
M8 胀锚螺栓固定
菠萝格，95×50
留缝 5
接铺装

0.680
680
125
125
120
180
155
100
20
200
120
± 0.000
1300
960
120
120
100
−1.300
100 60 60 240 120 80
660

预制 C20 混凝土块
120×120×120

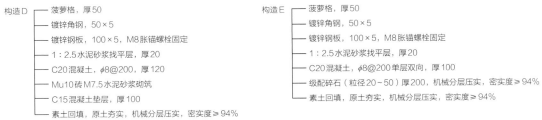

构造 D —— 菠萝格，厚 50
 —— 镀锌角钢，50×5
 —— 镀锌钢板，100×5，M8 胀锚螺栓固定
 —— 1:2.5 水泥砂浆找平层，厚 20
 —— C20 混凝土，φ8@200，厚 120
 —— Mu10 砖 M7.5 水泥砂浆砌筑
 —— C15 混凝土垫层，厚 100
 —— 素土回填，原土夯实，机械分层压实，密实度 ≥ 94%

构造 E —— 菠萝格，厚 50
 —— 镀锌角钢，50×5
 —— 镀锌钢板，100×5，M8 胀锚螺栓固定
 —— 1:2.5 水泥砂浆找平层，厚 20
 —— C20 混凝土，φ8@200 单层双向，厚 100
 —— 级配碎石（粒径 20～50）厚 200，机械分层压实，密实度 ≥ 94%
 —— 素土回填，原土夯实，机械分层压实，密实度 ≥ 94%

3-3 剖面图

三、设计特色

1. 构建生态基底

在东贸库拆除之后，摒弃大面积使用硬质材料的方式，为城市增绿。在景观设计中，以"生态种植"与"景观种植"相结合，注重适宜性，除常见的乔灌草搭配之外，还运用了近60种沈阳地区适宜生长的多年生草本植物和多种时令花卉，在这片工业前身的土地上，构建新的生态系统。

花海——低维护生态群落

2. 挖掘文化价值

在文化的去与留、新与旧、过去与未来的关系中，平衡"东贸库"、沈海铁路、沈海热电厂三条已经消失或正在消失的文化线。冷凝塔基座的复建、沈海铁路废弃铁轨的再利用、"东贸库"山墙结构元素的提取等，以未来雕饰过去，以文化唤醒城市的记忆，是设计对城市历史的感怀与感恩。

3. 活化社群空间

在叙述场地故事，记录时代变迁的同时，同样考虑周边住区居民对于公共空间的需求，以城市场地补充住区空间功能，又通过草本植物与花卉的选取、种植方式的不同搭配，以健康景观疗愈社会身心。

绿色基底的不同生态空间形态与冷凝塔复建基座的关系

四、写在最后

　　时代公园设计，在对文化、社会、生态复杂性的解题中，找到了三者可以融合互促的策略与方法，以"织补生态空间短板、激活城市文化复兴、促进完整社区形成"的三大设计理念，支撑"时代公园"完成了一次在时间和空间上的完美融合。人的痕迹终究会被时光抹去，但那是属于社会与人的活动记忆，如果我们为这记忆铺上绿色，那就还给城市刻有记忆的生态。

冷凝塔内东贸库建筑红砖、老火车与沈海铁路铁轨

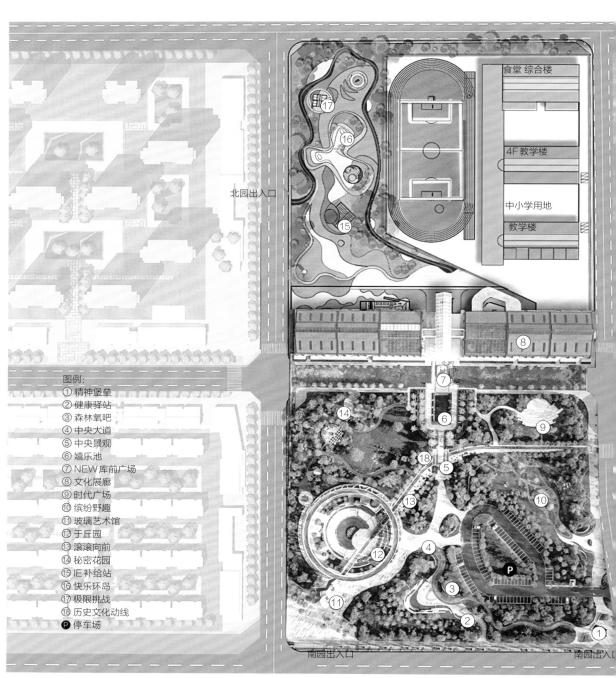

图例:
① 精神堡垒
② 健康驿站
③ 森林氧吧
④ 中央大道
⑤ 中央景观
⑥ 嬉乐池
⑦ NEW库前广场
⑧ 文化展廊
⑨ 时代广场
⑩ 缤纷野趣
⑪ 玻璃艺术馆
⑫ 于丘园
⑬ 滚滚向前
⑭ 秘密花园
⑮ IE补给站
⑯ 快乐环岛
⑰ 极限挑战
⑱ 历史文化动线
Ⓟ 停车场

总平面图

顶部环廊夜景

全貌实景鸟瞰

长春万科·宽城拾光公园

业主单位：长春万科

业主团队：韩保刚、苏蕾

建筑设计：GBBN

景观方案至扩初设计：派澜设计 |PARTNER SPACE

景观施工图设计：吉林省千树园林设计有限公司

景观施工：长春市华庭景观园林工程有限公司

儿童游乐设计：派澜儿童游乐设计

儿童游乐深化及施工：沈阳恩乐康体游乐设施制造有限公司

场景艺术装置设计：伟途设计

摄　　影：三棱镜

项目地点：长春，铁北二路

设计时间：2021 年 1 月

建成时间：2021 年 6 月

　　热电厂，一个听着足以让设计师激动的场地，却已不是心中的样子——没有高耸的烟囱，没有硕圆的冷却塔，没有整齐划一的厂房，只留下拆除后的一个大坑，一大片芦苇随风摇曳。时间重新赋予了它自然的模样。

全园俯瞰

一、相遇宽城

　　北国春城，有着深厚的近代城市底蕴，新中国最早的汽车工业基地和电影制作基地，四大园林城市之一。

现场照片

回归自然，回归社会公共属性，缘起场地的特性，因地制宜，顺势而为，造就唯一。

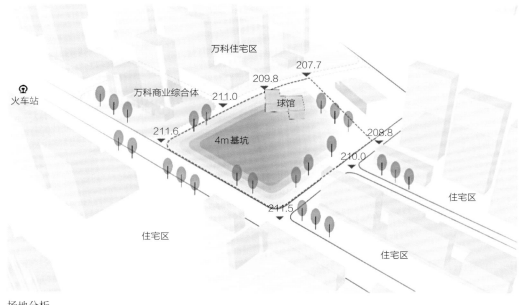

场地分析

二、丛林畅想曲

源于城市名片和场地，以叶为语，以果为芯，以声为境。

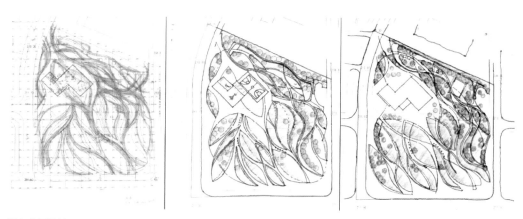

概念草图推演

三、大地艺术

叶子落入了大地的怀抱，大地洗涤世人的烦恼。飘落是自然最美的舞姿，我们无力留住，但却能定格。

片片落叶雕刻成前场公园的姿态，优美浪漫，如一缕清风，拂过大地。栈桥边的来客悠然守望着新的世界。

大地艺术不仅停留在鸟瞰视角，行进中也可感受"崇山峻岭"。建筑与大地深度融合延展，似徐徐打开的森林画卷。

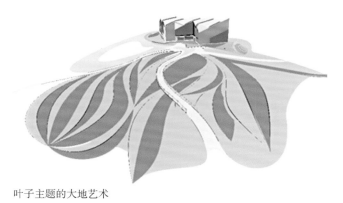

叶子主题的大地艺术

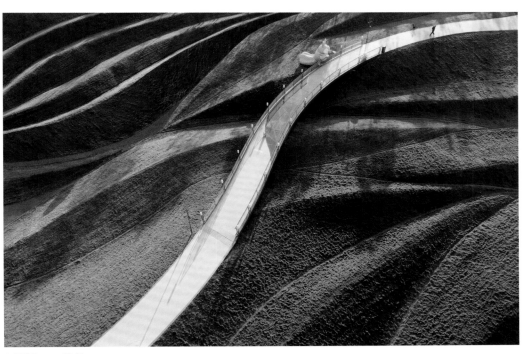

"叶脉"——栈桥

俯瞰大地艺术

公园入口

起伏的地形衬托建筑

傍晚，行进在栈桥上

生态停车场

四、童梦之谷

寻觅属于自己的一片天地，守候无忧无虑的孩童光阴。

"童梦之谷"整体构想

小橡果设施

孩子们尽情玩耍

穹顶万花筒，转译自然的灿烂多彩。

小橡果设施内部

穹顶

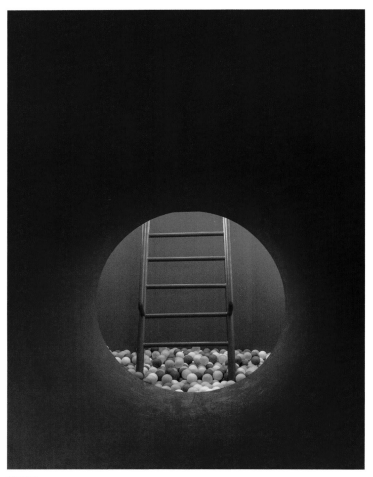

攀爬梯

五、绿野仙踪

　　用脚丈量生活，穿梭于
林间疏影，运动自在随心。

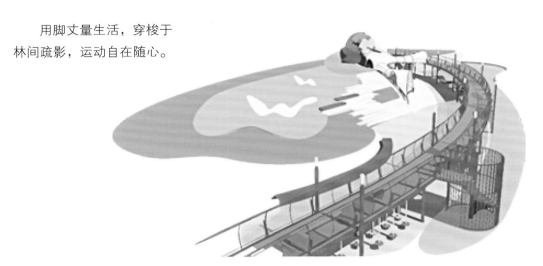

"绿野仙踪"整体构想

空中俯瞰

沙溪畅玩带

跑道

穿越树林

360m 的三维跑道，上层置入互动元素，下层连接欢声笑语。森林环抱沙溪，蜿蜒起伏，一路欢乐一路歌。

顺势而成的立体空间，为场地增添了更多的互动与交流。

森林影壁

"散落"林间的橡果设施

橡果设施入口

六、森之物语

　　橡果散落林间，精灵难掩笑脸，它是大自然最美的馈赠之一。无数动画中的丛林宠儿落入现实，开启童心寻梦。

　　超大型内外贯通的爬网，借助光影将未知与探索构筑成像。

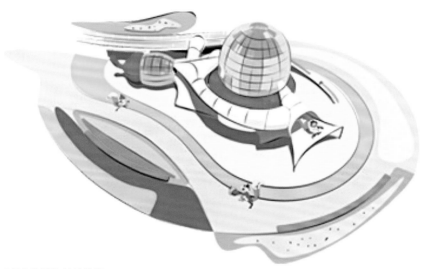

"森之物语"整体构想

进入"橡果"

橡果设施内部

阳光穿过色彩散发出浩瀚星空

孩子们在爬网中玩耍

寻找童真

梦幻小屋，置身其中，光影变
幻，虚实同框，放飞与守护，关爱
满屋。

梦幻小屋一

滑梯

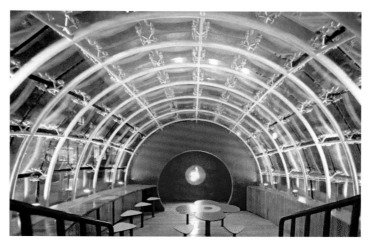

梦幻小屋二

七、一群可爱又执着的人

　　每块土地都有它自己的使命，我们一直在寻找它的本元与未来。无论场地定位几经改变，从无动力运动乐园、综合运动场地到城市公园，还是建筑属性与位置的多次论证，从剧场、展厅到球馆，我们都不遗余力地探讨和推敲，为初心并肩前行。

前场大地艺术施工过程

果设施施工过程

武汉保利清能 · 拾光年

项目地点：湖北省武汉市东西湖区八方路和革新大道交会处
景观设计面积：9736m²
设计时间：2021 年 3 月
建成时间：2021 年 10 月
建设单位：保利（武汉）房地产开发有限公司
甲方团队：张立、叶坤、白瑾
景观设计：安道设计上海二组、植物组
建筑设计：上海霍普建筑设计事务所股份有限公司
施工单位：广州华苑园林股份有限公司
施工团队：余兵努、张飞、王艺、何光明、彭强
摄　　影：池伟

人们对社区与归家之旅的想象，是午后林荫下的惬意、夕阳下挽手相伴的温馨和沉浸在星空下的宁静。我们将这些美好的场景浓缩在了香樟林下的拾光公园。

一、引言

今天，一座座社区尽管处于城市的繁华地段，但仍像生活的孤岛，社区反过来切断了人们与城市的连接。设计师从生活和情感出发，保留这一片香樟林，营造基于人们幸福尺度的社区公园界面和生活圈，保留美好温馨的生活场景。

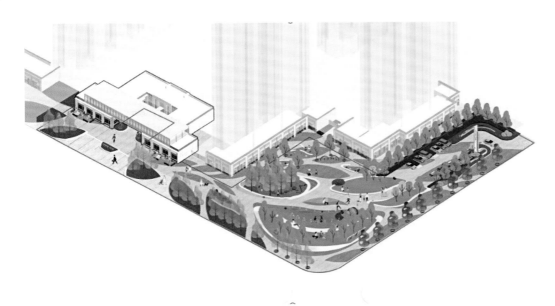

整体布局

二、场地解读

初次来到武汉八方路和革新大道的交会处，场地内大面积樟树林吸引了设计师。如何在保护原有植被的基础上营造多尺度的景观空间，满足日常活动需要，创造美好的生活氛围，是设计师面临的首要问题。

设计师从这片香樟林中提取树叶的形状、肌理，探索自然生长与人类生活的渗透关系，以场地现有条件为依托，打造了一个家门口的香樟公园。让自然元素融入生活，使社区更具归属感。

设计前的场地调研

设计演绎

三、尊重土地，创造更美好的生活氛围

　　社区公共轴提供的不仅是便民服务，还要给予居民更好的生活空间，这也正是设计师想要呈现的"美好社区生活圈"的初衷。

　　公共空间的意义在于各种事件发生的引力场，设计师希望人们在这里停留、聚集，从而发酵出更多元、丰富的生活图景。

　　步行的生态绿廊是出行美好的开始，也是归家温暖的惬意。在樟树林下找到生活最初的理想，被时光所偏爱的自然生活缓缓拉开帷幕。

局部鸟瞰一

局部鸟瞰二

生态绿廊

局部夜景鸟瞰

四、舒适人居，全龄生活图鉴

　　设计师从人们日常的生活视角出发，将美好生活的诉求幻化成无数生活场景：互动雕塑、游戏喷泉、地形滑板、阶梯上看书、草坪下的肆意玩耍。

　　复合化的功能场地让不同人群可以在同一个场地内其乐融融地交互活动，儿童嬉戏、青年娱乐、老年健身、邻里和睦……充满生活气息的景象，如你所愿。

全龄多元生活场景构想

1. 儿童戏水乐园

　　儿童天生爱跟自然玩耍，水、树叶、花草、沙土都是他们的玩具。在戏水广场中用脚步去丈量大地，用眼睛去观察世界，用双手去触摸自然。

2. 青年悦动空间

　　清晨，从阳光中醒来，戴上耳机出发，穿过水景进入运动区，借着阳光的沐浴，水波温柔。滑板少年，跟着时间的律动，舞动自己的节奏。

以树叶形态为设计原型，打造复合功能场地

叶脉雕塑

悦动空间

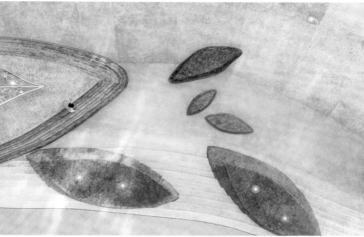

3. 邻里会客天地

闲暇之余，邀上邻里，闲话自在家常；于午后的时光，与邻里品茗弈棋、遛鸟打拳、吟诗论道。傍晚时分，夕阳洒在草坪上，耳边响起孩子们的欢声笑语，幸福、美好、安逸，勾勒幸福生活场景。

邻里会客天地

五、林下空间，家庭式活力乐园

　　这片香樟林成为设计灵感的源泉，设计师利用其打造家庭式丛林乐园，创造类型丰富的活动：旋转滑梯、攀爬绳网洞、趣味地形、传声筒等游乐设备让儿童在活动中习得更多的能力，在玩乐中学习。

　　登上树屋，利用网洞在树屋之间来回穿梭，攀爬或行走到滑梯，最后滑回地面，在游玩的过程中锻炼体质，培养冒险精神。在这里，每个人都能享受童趣时光。

林下多元生活场景构想

家庭式丛林乐园

"携手'皮皮松'❶，保护樟树林"，一种久违的童趣扑面而来。与自然共舞，在这里你可以倾听来自森林的呼吸。设计师希望提供一个自由生长的空间，一个注入孩子们全新想象力的趣味场所。

小松鼠抱着松果，享受着安静明媚的午后。孩子们的欢声笑语久久不停。流畅的地面线条宛若自然的浪漫语言，诉说着香樟林的童话。

孩子的童梦园，成长的每一步都算数。攀爬跳跃、奔跑欢笑、滑梯游戏、自然启蒙，让孩子从咿呀学语到青春飞扬，在自然中探索，在运动中成长，在最纯净的年岁里萌芽生长。

空间里进一步叠加自然启蒙的功能，通过大众共享的方式让人亲密接触自然，逐步缓解与自然隔离的尴尬，营造新型睦邻关系的社区空间。

香樟林下的拾光公园，从归家的动态考量到环抱情感记忆的社区空间。设计师以精巧的细节设计、五彩斑斓的生活视角将美好生活的愿望化成无数缤纷场景，实现自然与景观生活一体化场景。

孩子们在这里肆意挥洒想象

---

❶此处的"皮皮松"指松鼠。

孩子们沉浸在香樟林的童话世界中

在自然中探索，在运动中成长

自然与景观生活一体化，营造新型睦邻关系

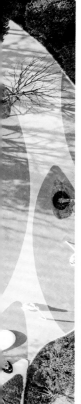

淄博高新区东升文体公园

项目地点：山东省淄博市高新区
项目面积：约 111443.82m²
景观设计公司：GVL 怡境国际设计集团
设计团队：张达、蔡阿杰、陈恺然、卢平、李昭仪、陈春雨、
马春华、曹阳、郑小兰、邓兴、吴冰、李先兴、郑翀、
谢惠强
景观施工图：GVL 怡境国际设计集团
景观施工单位：浙江绿城景观工程有限公司
摄　　　影：SHINING LABORATORY 三映建筑摄影

一、项目概述

　　淄博高新区东升文体公园位于山东省淄博市高新技术产业开发区，由文体场馆、体育公园和生态河岸三大板块组成。本项目架设淄博的第一条空中活力环道，实现立体步行和骑行的运动空间；地景式文体场馆建筑通过优美的曲线结合场地形状，让建筑从公园中"生长"出来并与之融为一体，同时最大限度地扩大了公园空间；开放活力的体育公园利用地形打造的立体沉浸式健康活动功能空间，激活周边社区以及淄博市公共活动的社群效应，为当地的城市经济发展、环境改善和城市公共形象带来显著的影响。景观设计重塑涝淄河生硬单一的功能性驳岸，设置生态化驳岸，形成净水、亲水、赏景的多重滨水生态空间，以生态维系的可持续发展理念打造健康的文体公园。

　　淄博高新区东升文体公园将社区与自然、人与空间进行联结，为周边居民和市民打造健康阳光、生态自然的生活空间，以及24小时的运动场所。

淄博高新区亲水、可持续、全龄活力的健康文体公园鸟瞰效果图

淄博高新区文体公园与城市的融合

二、项目现状

项目用地位于核心商务区的东侧。未来的核心商务区将是高新科研、金融、商务等高端业态的聚集地，但周边缺乏市民社区生活集聚空间，因此用地规划拟打造以运动、休闲、旅游为主题的商务休闲片区，为核心区植入新的活力。

项目基地主要呈四边形布局，中间以涝缁河为界，西侧为体育公园，东侧为文体中心。体育公园区域原始地形较为平坦，缺乏高差变化，利用文体中心以及项目二期住宅组团下挖土方堆场，以原有环境为基底，使景观融入淄博当地特有的山水肌理，重新梳理场地的竖向设计，形成具有丰富立体观感的山水公园。现状涝淄河仅具有排洪的单一功能，生硬的水泥驳岸割裂了场地的功能空间。设计师希望将这一条"伤痕"转变成融入海绵城市理念的亲水河道，建立人与水系的联系。

功能的包容性与多样化

社交的透明化与共享性

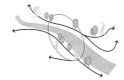
交通的可达性与渗透性

河道的吸引力与活力

项目现状与涝淄河

三、详细设计与措施

景观将鲁中山区中的山岚、田脊、层云、奇树、流水、峡谷等自然风景元素进行提炼，对场地进行空间地形的重塑，把鲁中地区自然风景意向渗透到人们的生活场景中。使公园整体形成"一环、一山、一谷、一水、一场"的复合型立体运动公园，包含云海浮环、隐岫山门、碧风山海、森林星谷、行云河涧、奇林剧场六大区域，为市民提供休闲、交互的山地公园、亲近自然的儿童游乐区以及多样的专业运动场地。

顺应场地形态与地形，一条环绕公园的自由曲线园路沿着河岸与山丘向外生长，连接谷地、林间、山顶、平原，将城市、人与自然在行走中串联在一起，形成多维度的立体体验流线。

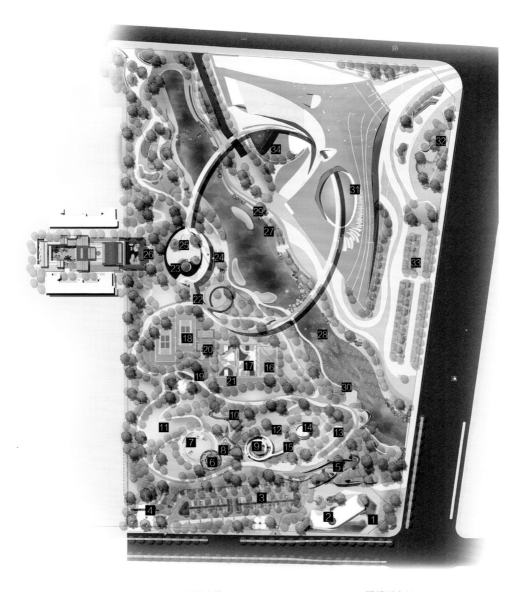

总平面图

1. 穿越云顶的体验界面

公园的主入口界面区域融入鲁中山区景观，以极简的混凝土挡墙穿过林荫，形成曲径通幽的"峡谷"空间，行至尾端就能看到公园的制高点。设计师通过堆坡与下挖，并利用住宅区的挖土实现土方平衡，在平坦的场地间堆成6m高的山坡景观。山体上种植茂密的生态景观草，行走其间，城市的喧嚣都随风吹草动的沙沙声被遗忘，最后来到云顶的咖啡厅，在这里可以饱览整个公园的全景。通过层层山体堆坡形成的山体风景，成为场地最独特的艺术印记。

入口"峡谷"鸟瞰

入口峡谷

从云顶咖啡厅俯瞰整个公园

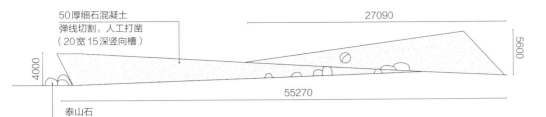

50厚细石混凝土
弹线切割,人工打凿
(20宽15深竖向槽)

27090

5600

4000

55270

泰山石

峡谷景观立面图

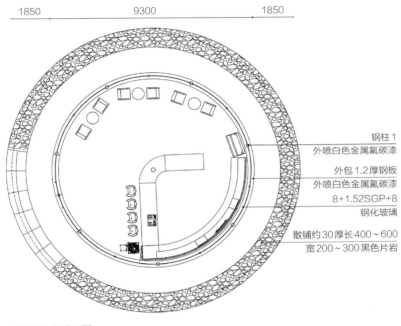

1850   9300   1850

钢柱1
外喷白色金属氟碳漆

外包1.2厚钢板
外喷白色金属氟碳漆

8+1.52SGP+8
钢化玻璃

散铺约30厚长400~600
宽200~300黑色片岩

山顶构架底平面图

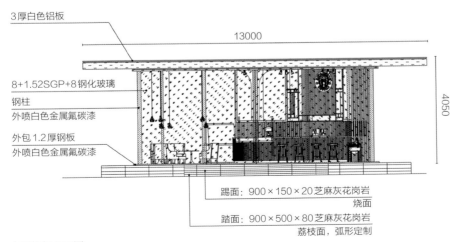

3厚白色铝板

13000

8+1.52SGP+8钢化玻璃

钢柱
外喷白色金属氟碳漆

外包1.2厚钢板
外喷白色金属氟碳漆

4050

踢面:900×150×20芝麻灰花岗岩
烧面

踏面:900×500×80芝麻灰花岗岩
荔枝面,弧形定制

山顶构架立面图

2. 让活力融入地形

公园山体的西边收藏着整个公园最活泼的区域。在儿童活动区与山顶咖啡厅之间顺着山坡设置大型的连桥构架与攀岩空间，形成活泼有趣的立体游乐花园。孩子们可以在连桥构架中扮演小小宇航员，在上蹿下跳中探索星际的秘密。星河剧场也是公园中聚集人气和交流的重要场所。夜晚漫步在"星河"，沿草坡台阶寻级而下，这里是孩子奔跑的乐土，是消夏音乐节的盛会，也是社群活动的展示舞台。

结合攀岩地形消耗场地高差

攀岩墙

结合山地滑梯来消耗场地高差

山地滑梯

回旋的廊道连接山丘与儿童活动空间，利用高差设置的滑梯与爬坡将游乐的趣味放到最大

青年活力公园色彩缤纷的活动场如嵌进山间。篮球场和小型足球场的灵活布局可强化公园户外运动的全域概念，成为本地居民生态、健康、趣味的生活容器。五彩斑斓的球场无形中注入的无限活力不断吸引着前来尝试"放飞"自我的年轻人和爱好者们。

球场鸟瞰

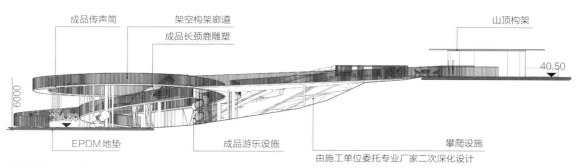

成品传声筒　　架空构架廊道　　　　　　　　山顶构架
　　　　　　成品长颈鹿雕塑

6000

34.50

40.50

EPDM地垫　　　　成品游乐设施　　　攀爬设施
　　　　　　　　　　由施工单位委托专业厂家二次深化设计

儿童活动区立面图

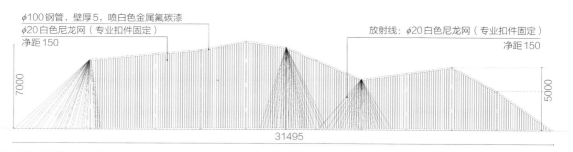

φ100钢管，壁厚5，喷白色金属氟碳漆
φ20白色尼龙网（专业扣件固定）
净距150

放射线：φ20白色尼龙网（专业扣件固定）
净距150

7000

5000

31495

篮球场尼龙围网立面图

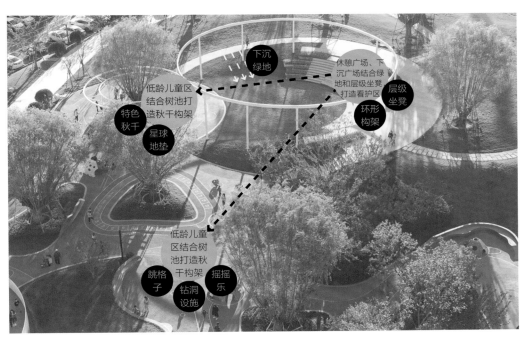

下沉
绿地

低龄儿童区
结合树池打
造秋千构架

休憩广场、下
沉广场结合绿
地和层级坐凳
打造看护区

层级
坐凳

特色
秋千

星球
地垫

环形
构架

低龄儿童
区结合树
池打造秋
千构架

跳格
子

钻洞
设施

摇摇
乐

满足全年龄段孩子的活动需求

3. 漂浮的活力环道与永恒的爱情广场

　　一个巨大的空中活力环横跨涝缁河，悬浮于体育公园上空，把文体中心和体育公园联系起来，激活了场地的独特属性，成为市民跑步的标志性路径。

　　在爱情广场，寓意永恒的"莫比乌斯环"圆形楼梯象征美好的爱情，形成极具特色的空中活力环的打卡点，使更极致、更独特、更纯粹的空间场景被人们感知、感动。一个幕布状水景、一座光影拱门廊道、一池镜水，共同打造一个集聚会、交流于一体的沉浸式浪漫场所，同时它也可以作为户外策展弹性使用的社交集聚活动场所。

爱情广场与空中活力环结合的双层长廊

悬跨涝淄河两岸的空中活力环鸟瞰

"莫比乌斯环"与光影柱廊

4. 河道驳岸的生态修复

设计师对河道进行驳岸改造，建立生态的水陆过渡区：恢复植被，通过增强生物多样性来修复生态、净化水质，重构自然滨水廊道。景观方案以生态修复为主，采用雨洪管理海绵城市生态手段，因地制宜，最大限度地进行水质净化，综合生态治理打造河道景观，使城市的缝隙空间得以缝合。市民漫步在河岸的木栈道中，可观测生态循环的过程，可进入河道亲身感受水的流动与水生植物的生长。大型的石滩成为孩子们的亲水游乐空间。

海绵城市的多样景观手法

四、设计解决的社会问题

在国家大力推广绿色生态城市建设的背景下，城市公园承担了城市生态绿心、市民活动、城市展示窗口等多种功能，例如美国的纽约中央公园、英国的海德公园等，都为当地的城市经济发展和公共形象带来积极的影响。而淄博高新区在高速发展中缺乏这类城市公园建设，因此淄博高新区政府和淄博新东升集团希望能合力建设出一个以体育为主题的城市公园，为淄博高新区居民打造一个健康阳光、生态自然的生活空间，也为淄博这座城市营造一个具有前瞻性的生态城市名片。

本项目正是在这个背景下应运而生的，公园的落成为当地居民呈现了一座生机盎然且能够承担丰富活动的综合性地标文体公园。本着"感受绿色脉搏，重塑健康生活"的理念，将社区文化活动、场地情境体验、生态健康教育、宜居水岸生活进行多角度融合，打造了一个充满活力的综合性体育公园中心，为淄博创造了一个展示本土文化生活、面向中国、面向世界的国际化新窗口。

在营造城市公园景观时，首先需要考虑能满足市民活动的公共空间设计，强调参与感与体验感，完善全龄功能活动空间等以人为本的理念；其次要考虑城市公园对城市的展示功能，需要从本土文化出发，营造具有地域文化和明显的本土化特征的艺术公园空间；最后是融于自然，城市中生态绿化依赖城市公园、道路绿地等载体，城市公园作为城市绿心是必不可少的空间。淄博高新区东升文体公园的景观和社会功能正与设计师秉持的"以人为本，让生活融入自然，让自然融入城市"的理念和责任感不谋而合，为以后城市公园设计提供了一个范本参考。

刚落成的淄博高新区东升文体公园即成为周边居民休闲聚集的首选目的地

利用景观构筑物形成的网红打卡点

公园雪景

武汉华中小龟山文化金融公园

开 发 商：南国置业
项目地点：湖北省武汉市
景观设计：迈丘设计项目 3 组
建筑设计：水石设计
景观设计面积：69071m²
设计时间：2018 年
开放时间：2020 年
摄　　影：河狸景观摄影，林绿

在地性的设计思维，从来不以打造网红地标为目的，只是专注于探寻场地本身的故事，倾听历史的声音，用新的设计手法唤醒它。

改造后的小龟山

一、背景——遇见旧记忆，再现新时光

1. 电建旧厂 ┃ 工业基地

　　成立于1952年的湖北电建一公司是中南地区组建最早的电力施工企业，在我国率先打入并立足国际电力建设市场，被誉为"中华电建第一旅"。20世纪70年代，电建厂加工车间落址武汉市武昌区小龟山，发展成为实力雄厚的后方生产基地。伴随着我国产业布局转型，武汉市城市规划蓝图出炉。这座昔日傲视群雄的生产基地逐渐落寞，只剩下破旧不堪的老厂房。

电建一公司旧址

废旧的厂区环境

厂房内部照片

2. 小龟山 ｜ 破碎生长的山体公园

　　小龟山属于中南路街道，位于紫沙路以东，小龟山路以北，定位为武昌中心区域重要的山体公园。山体山峰高程约63.8m，山体形态不规则，受建设影响明显。本项目位于小龟山坡地上，经过长时间的厂区建设，原有山体基本上已经消失。场地内部形成了巨大的高差。道路、台地、山坡之间的高差大多在7~12m，局部最大高差21.5m。

　　在场地里游走，时间仿佛忽然慢了下来，像是进入另一个世界。混乱、无序、破败的街区，上百棵大树散落在场地中，法桐、青钱柳、构树、香樟……阳光透过树梢，在墙上、地面上投下斑驳的影子——浓郁的传统老街区氛围迎面而来。红砖厂房、废弃的轮胎、龙门吊、生锈的机械配件，这些遗留的工业元素为场地打上了深刻的重工业烙印，也为艺术再创造提供了丰富的元素。

　　这是一个充满故事也充满矛盾的地方，每一个场景都像是在讲述曾经的热火朝天和如今的孤独落寞。作为未来的华中小龟山文化金融公园，它需要找到重新"活"的方向。

山体缓坡

现场保留的茂密植被

改造前

改造后

改造前后对比

二、理念与定位

1. 设计思考

（1）金融主题　结合场地区位条件定位为文化金融公园，展示武汉金融发展的历史进程，以艺术的形式呈现金融文化的特性。

（2）历史文脉　充分挖掘原有厂区的历史文化，利用原有厂区内遗留的老工业设施、设备等展现历史变迁带来的发展、机遇和挑战。

遗留的老工业设施

（3）场地高差　场地内最低点标高22.3m，最高点标高43.8m，最高点与最低点相差21.5m。解决高差问题是设计面临的最大挑战，也是展现景观设计魅力的最好机遇。

2. 艺术再创造 ｜ 重焕产业活力

顺应城市发展战略，本项目将打造小龟山金融文化产业园。景观设计围绕城市定位，提出了"华中金融·中央公园"的设计理念，用设计将金融产业需求、厂房更新、城市公园相融合，通过艺术化的手法让旧记忆融入新场所，让生活与艺术不期而遇。

区位、定位

空间推导

通过"华中金融·中央公园"黏合周边资源，传承历史文脉，重塑场地活力，对接未来生活，最终成为华中金融中心的活力引擎。

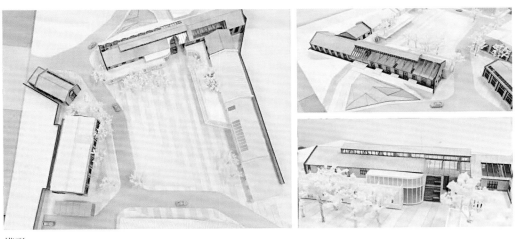

模型

3. 回归是城市更新永恒的主题

在这里，设计师呼唤"山的回归"，用设计让场地重获新生。整体框架围绕"两轴、三心、多节点"，形成"金融景观主题轴线和景观空间轴线"，以龙门秀场、文化广场、小龟山森林公园为中心，衔接南入口广场、北入口广场、办公花园等节点空间。

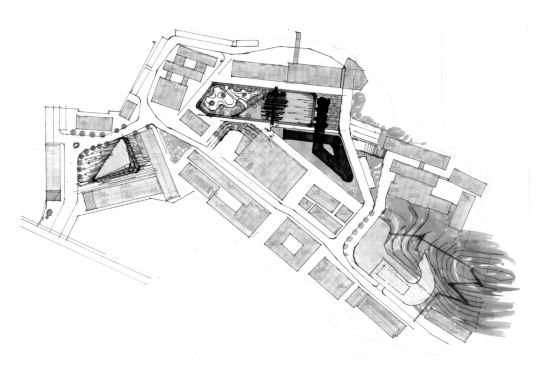

方案草图

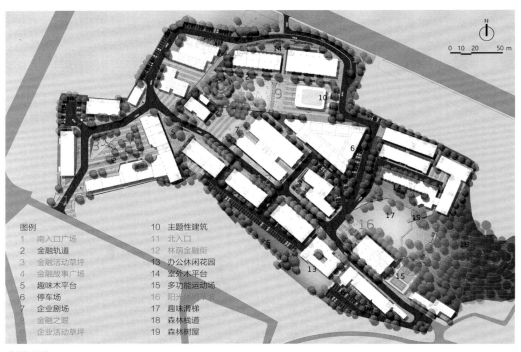

图例
1 南入口广场
2 金融轨道
3 金融活动草坪
4 金融故事广场
5 趣味木平台
6 停车场
7 企业剧场
8 金融之眼
9 企业活动草坪

10 主题性建筑
11 北入口
12 林荫金融街
13 办公休闲花园
14 室外木平台
15 多功能运动场
16 阳光缤纷草坡
17 趣味滑梯
18 森林栈道
19 森林树屋

总平面图

三、详细设计与措施

1. 活力的回归：龙门秀场·中央公园

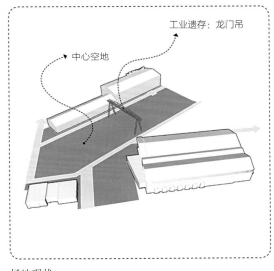

中心空地

工业遗存：龙门吊

场地现状

　　龙门秀场是一个东西长约130m，南北宽约45m的长方形空间，原有的铁轨、龙门吊成为厂区最鲜明的时代记忆。场地现状空间平整、开阔，但略显单调。龙门吊孤立在场地中，缺乏氛围的烘托。设计师认为，艺术的介入不是打碎重来，而是找到一个场景里真正的活力之源。在充分保留现状资源的基础上，设计师重新划分了这个空间，形成鲜明的节奏序列。

改造前实景

改造前：荒废土地上的龙门吊

建设中：重整场地，刷上红漆

改造后：变身为醒目的复古艺术装置

阳光下，光影婆娑，穿过红砖厂房来到龙门秀场，开敞的草坪上曾经褪色老旧的龙门吊被重新刷上了鲜艳的红色，屹立着，成为场地中独具个性的艺术品，张扬，充满故事性。改造后的龙门吊工业气息鲜明，展现着园区独一无二的时光记忆。

龙门吊，不管是尺度还是造型，都是公园的视觉焦点。

多角度看龙门吊

从厂房一角回望龙门吊

　　"金融之眼"空中栈道以螺旋构架形态与方正的建筑形成对比，回应中国古老的"天圆地方"空间秩序。盘旋而上的栈道，以循环上升之态，创造立体的景观氛围，营造一种向心力与凝聚力，并植入金融文化图腾，与欣欣向荣的林木共同见证新的生长力量。站在高处，穿过树梢，可以远眺开阔的草坪区域。

改造前：厂房前的硬质空地

金融之眼

建设中：龙门吊与螺旋栈道架构

栈道下的空间

金融之眼局部

多个景观序列节点的结合，让龙门秀场成为一个多元化、可运营的艺术活动场地。交流、聚会、音乐，生活的各种想象皆可容纳——这里成为整个园区的活力之心。

栈道融于林木

园区秋景

2. 自然的回归：重塑"小龟山"·小龟山森林公园

小龟山森林公园是这个项目的生态之心。厂区建设使这里的山体支离破碎，坡坎交错，最大高差有22m，小龟山实际上已经不复存在。但是，设计师认为，这座山恰恰是这个场地最原始的记忆，希望通过设计让山回归。

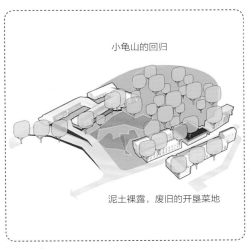

场地现状

改造前实景

改造前：山坡上错落分布的废厂房

改造后：与自然共生的生态产业园区

深入场地，设计师们努力寻找、拼凑着山体的碎片，让小龟山回归。设计还原山体坡地，打造不同高差的公园绿地。阳光草坪、富氧林荫与办公园区衔接在一起，让人们得以再次拥抱小龟山。

改造前：生产生活建设破坏山体，现场杂乱无章却又仿佛孕育着新生

改造后：还原山体坡度，重建公园绿地

重塑厂房环境

静谧的办公花园

原场地高差与边坡挡土墙

星空艺术绘画，赋予墙体活力

夕阳西下，股市金牛闲散地站立在草坡上，遥望着远处繁忙的金融街。自然之风迎面而来。这是山的回归，也是生活的回归。

前园路

街

保留原址植物

　　林荫金融街道延伸在浓密的绿色中，一路遇见复古的红砖厂房、现代的设施装置。穿行其中，仿佛乘上了一列时光列车，不经意间感受新旧交替的和谐与生活意趣的温暖。

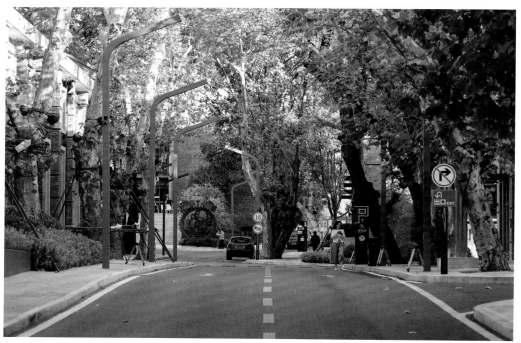

街道穿行于新旧交替与生活意趣

3. 记忆的回归：小龟山文化广场

改造前的南入口广场作为整个园区的主入口，缺乏清晰的指引和城市展示的界面，空间狭小，背景混乱。作为一个故事的开端，设计师希望把它的边界打开，把视线导入核心地带，将场地强烈的时光烙印展现出来。

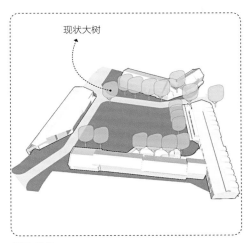

现状大树

场地现状

改造前实景

设计采用锈铁标识雕塑墙，再现场地原有的工业元素，以敞开的八字形布置，形成视线上的引导。高大的标识墙既有效遮蔽了红线外混杂的空间，又和保留的红砖墙建筑形成很好的呼应，将人流自然地导向"文化广场"。

广场鸟瞰

小龟山主入口

原本泥泞的卸货场地变成了舒适的步道

景墙结合精神堡垒

金融牛，是开启整个景观序列的第一个聚焦点。简洁有力的线条和鲜明的红色，既保证了视线、流线的穿透性，又以张扬的姿态成为这个广场空间独一无二的视觉中心。

"金融牛"雕塑

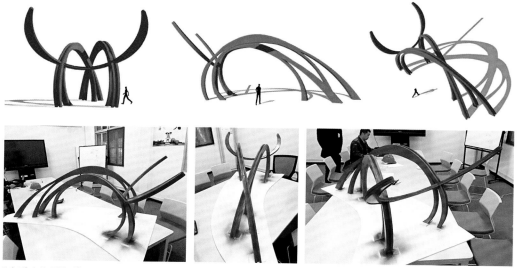

"金融牛"雕塑模型

改造前

建设中

厂房被改造成绿树成荫的办公空间

建筑、场地和原生树的完美融合

旧铁轨改造的金融轨道

金融轨道从入口广场延伸，引导着人流，延续铁轨的形式。金属板上印刻的金融历史事件，如同时间的长河，引导人们从旧时光走进新时代。

设计师将现状遗留的工业机械构件保留下来，结合布置在景观之中。通过艺术的再创造，构建成为带有重工业印记的雕塑装置。它们是这里独特的风景线，属于历史，却经艺术之手，连接现代，保留着曾经的记忆，又重焕青春的容颜。

带有重工业印记的雕塑装置

厂区中的铁轨、机械与锈板

工业元素的再创造

工业机械构件的保留

四、设计师寄语

初次踏入这片场地，便被这片独一无二的场地环境所吸引：大树的树叶摇曳而下，时常有鸟儿从头顶飞过，红砖厂房的墙灰仿佛在诉说着历史，残存的公园痕迹记录了这片场地曾经发生的故事。这片场地是有性格、有温度、有灵魂的，应该好好对待它。通过几个场景再现的手法实现文化的沉淀：记忆的保留和再现，大树生长的公园，山的回归。重塑场地灵魂，赋予新的生命，让小龟山重新走入武汉人民的视野和生活。

文旅酒店类

眉山环球融创·江口水镇

融创青岛阿朵花屿

海南雅居乐·万宁山钦湾

眉山环球融创·江口水镇

项目地点：四川省眉山市彭山区
业主单位：环球融创会展文旅集团
景观设计：四川乐道景观设计有限公司
建成时间：2021 年 4 月
项目规模：20134m²
摄　　影：xf-photography、梵境摄影

一、项目概况

　　江口水镇，地处眉山市彭山区，位于南河与府河汇流的半岛处。这两条河，将成都与本案紧密相连。本案东临彭祖山，南望彭山城，整体呈现"坐水、观山、望城"的独特山水格局，作为环球融创联袂打造的综合性文旅项目，拟成为千里岷江第一镇，逐步成为"成眉一体化"的桥头堡。

　　本项目所呈现的是江口水镇首开区，业态包含山水景观区、商业水街、别墅区，整体承载着"前客厅"的名片形象，并会在未来将首开区的理念延续至整个水镇。

　　在这个充满现代美学的当下，环球融创·江口水镇以历史延续与文化展开对话。从繁华街巷到雅致院落，设计师挖掘水镇的灵魂契合点，大到场地的空间演绎，小到休闲平台的氛围营造，构设了这个历史与文化交融、喧嚣与静美并存的江口水镇。

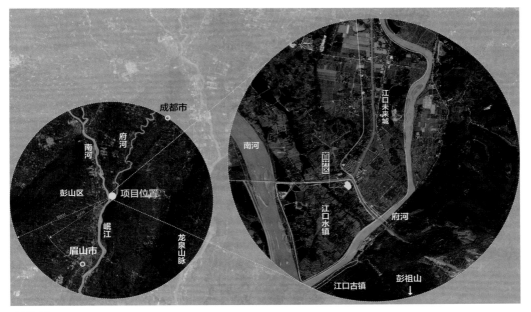

水镇区位

夜幕下的水岸

二、设计理念与亮点

1. IP 塑造 + 地域文化落位

以当地名片文化——彭祖的传说作为灵感来源，创造彭小舟IP形象。将彭小舟西寻江口作为文化故事线，打造"梦境三寻"——山水寻景、锦市寻游、雅栖寻心的主题理念。同时，对文化IP进行延展，展现江口的山水文化、商埠文化、宜居文化，树立江口水镇的特色文化形象。

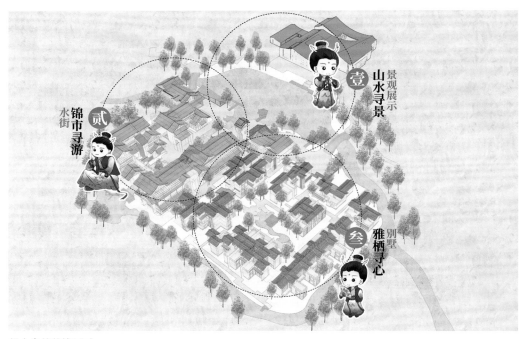

彭小舟的梦境三寻

乡野植物

山水寻景

01 售楼部
02 中心湖
03 行船码头
04 意境码头
05 青石拱桥

锦市寻游

06 风情商业水街
07 墨飞美术馆
08 乐贝民宿
09 青石拱桥
10 观象餐吧
11 正在昨天咖啡厅
12 纸香图书馆

雅栖寻心

13 星野院
14 溪山院
15 禅色院
16 意境码头
17 浅鱼巷
18 夜秋巷

总平面图

2. 拙朴郊野景观营造

设计之初探寻江口原始川西林盘风貌，遵循适地性原则，选取自然朴实的乡野植物，不用过多的后期维护，也能顺势自然生长。铺装打破规则边界，还原川西传统铺装工艺，彰显自然拙朴的肌理触感。

三、水镇主题场景营造

1. 山水寻景主题区

运用自然湖景打造郊野度假的景观初印象。湖景、驳岸、植物、码头的营造，在原始的乡野植被组合中寻找灵感，区别于传统的湖岸、植物营造方式，打造郊野的景观氛围。

2. 锦市寻游主题区

作为商业水街，打造具有当地文化气质的水街形象，呈现出五里长街、商贸码头的城市商埠印象。设计以水串联景观，围绕水渠打造商业灰空间，突显江口码头底蕴。

充满自然乡野趣味的山水湖面

临湖沃野、微澜泛波

暮色下的商贸码头

古韵渡口码头

川西特色的商业水街

　　还原濯锦盛世一街四桥，在水街点睛四座拱桥，分别以探花、倚澜、濯锦、浣溪作为文化表达。

　　目前，商业水街已经形成公众参与的业态，包括艺术策展、烟火集市、活动论坛、民宿餐饮等。

喧嚣与静美并存的雅趣闲庭

灰调石板桥——濯锦

灰调石板桥——浣溪

海棠风外独沾巾，襟袖无端惹蜀尘。
和暖又逢挑菜日，寂寥未是探花人。
——《蜀中春日》

探花

青羊宫

蜀川胜概图
DESIGN CONCEPT EXPRESSION
一桥为一景，一景一故事

濯锦

锦江

大罗天上神仙客，濯锦江头花柳
不为碧鸡称使者，唯令白鹤报乡
——《送王尊师归蜀中拜

五门西角红楼下，一树丹枫马上看。
回首旧游如梦里，西风吹泪倚阑干。
——《山中望篱东枫树有怀成都》

九眼桥

倚阑

浣溪

浣花溪

抱郭清溪一带流，浣花溪水水
重来杜老谁相识，沙上凫雏水
——《浣

桥之印象

青砖徽瓦的清幽小院

3. 雅栖寻心主题区

作为别墅样板区，以蜀人喜爱的自然场景表达景观意境，通过古诗中的绝美场景赋予三个公共空间院落以主题，分别打造星野院、溪山院与禅色院。通过对自然、溪潭、亭榭、枯山水的表达打造景观意境，并作为各个别墅花园间的串联、停留、沉思空间。

溪水之上的山石廊亭

宁静致远的禅院深处

融创青岛阿朵花屿

业主单位： 青岛隆岳置业有限公司

项目地点： 山东省青岛市

建筑设计单位： 艾麦欧（上海）建筑设计咨询有限公司

景观设计单位： 上海艾源筑景景观设计有限公司

景观核心团队： 赵瑜、焦雅羽、庄稼、郑洁、魏金星

甲方负责人： 陈国栋（项目经理）

项目占地面积： 96683.1m²（红线内景观占地面积 65085.6m²，红线外景观占地面积 4090.6m²）

项目建成时间： 2021年10月

景观施工单位： 北京顺景园林股份有限公司、北京同易园林绿化工程有限公司

一、项目竞争力

阿朵花屿是融创在北京区域的第一个小镇系作品，也是对小镇系设计产品的升级探索。项目沿袭了公司多年累积的小镇系产品设计经验，景观团队参与设计了其中的阿朵花屿一期部分。

地处藏马山脚下的辽阔山野，阿朵花屿的景观设计融入了历史厚度、人文景观，将水乡的细腻婉转与北方的古雅开阔融汇结合，开启了一段与"藏马画山"丝丝入扣的游览体验之旅。

对于体验者来说，在阿朵花屿的各处都可以感受建筑与景观完整契合的流畅情节。这些场景叙事的完整来自团队从方案到施工图，以及配合现场施工落地、景观细节与骨架脉络方面的严密推敲和严格控制，细到植物苗木的季相色彩、天际线群落选择、铺地做旧纹理质感的把控和一块置石在画面中的冬季落雪效果等精准预设，时刻在追求更完美的空间和时间上的景观效果。

各专业团队的倾力配合使阿朵花屿成为小镇系的巅峰代表作，每一个场景画面都精心布置，如同电影场景的每一帧，无需解读即是一个可赏、可拍、可游的打卡点。作为集文化景观、温泉体验、民宿客栈、特色餐饮、文创体验及零售等业态于一体的一站式文旅度假目的地，阿朵花屿弥补了北方城市旅游淡旺季的落差，以沉浸式的度假体验提供更多"过夜游"的可能，成为青岛旅游新地标。

积秀谷

"傍水闲街"——前店后院的商业街区满足走街串巷、随逛随歇的休闲体验；倡导生活气息的营造，让烟火气与自然拙朴的环境和谐地融为一体；补充小镇活动空间，提取并凝聚社区文化，让人们收获身为小镇居民的内心认同感

二、项目背景

    阿朵花屿基地位于青岛，有较好的自驾基础。周边城市的景观偏大尺度，文化类体验节点少，且不成体系，活动项目及住宿体验单一，难以进行深度游。因此，在吸引周

壮美舒展、自然野趣的生活环境

边多城市的短期游和长期游补充客群方面，阿朵花屿具备深厚的潜力。

　　丰富的自然资源是场地内的有利条件。四季分明的气候、气势磅礴的山脉借景、多种类的水文资源，这些都为场地提供了壮美舒展、自然野趣的天然优势。藏马山的景色为世人称道，但景色却并不是唯一。因此，在保留项目地核心气质的同时，从文化的角度切入，提取具有引爆力的文化主题，打造出全新的文化旅游小镇——白马食灵药，隐于藏马山。

三、设计原则

　　①充分挖掘并依托核心特点，创造不可复制的景观空间。

　　②将基地独有的风貌和元素融入设计中，打造项目的唯一性。

　　③打造步移景异、精心修饰的景观空间，并保留拙朴韵味。

　　④挖掘周边稀缺体验，打造话题性景点吸引游客，创造非日常体验，留住游客。

　　⑤通过精致的种植方式，赋予场地四季之美。

四、核心定位

　　围绕"精致野拙、非日常体验"展开，打造一处"私藏之野"的私享天地。

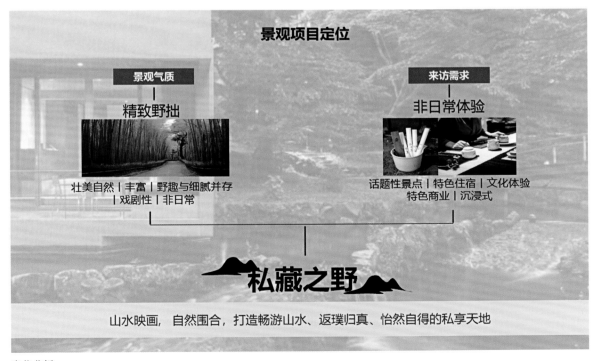

定位分析

五、总体布局

项目景观分为一、二期进行设计。本书以一期建成的商业街作为分享。

一期的空间主要分为三部分，分别为外部界面、入口、一期小镇。通过景观的手法和故事脉络的串联让原有高差场地成为变化多样的体验空间。

总平面图

一期空间思考
古雅梦幻的阿朵小镇
商业|餐饮|客栈|娱乐|活动

山丘广场

停车场出入口

停车场

入口商街

停车场出入口

主入口

入口景观区

酒店出入口

民宿客栈出入口

分区图

通往主入口的外部车行道路，**车程较长**且围绕基地边界，需**提前进行度假氛围的营造**，并设置标示或空间来引导游客进入小镇。

大部分客群需要自驾、打车或者乘坐旅游大巴到达基地，需要在组织流线的同时，**满足大人流量的集散，形成良好的空间感受**。

入口区拥有**较大的景观空间**，需要**重点打造**，通过非日常景观或**名片式场景**完成游客进入小镇后度假心情的转换。

从进入小镇到最高点白马台之间的**主商业街区**，全程400m，需考虑**引导人流在街区内游走活动**，并**分段主题打造层层递进的体验性**。

【饮马川】
小镇前导区游客中心景观故事线展示

马头古墙	标识巨石	望川台	苇影桥	180度观景台	踏马石滩	牧草湾	轻音瀑	夕照桥	积秀谷	停马石	墨泥潭	苇影溪	藏马林
结合停车场流线及高差，对外展示形象，体现大区风貌	藏马入山主题雕塑＋案名标识	游客中心前场，形象展示及集散	入桥入境	一入缭绕，如临幻境	界中三千繁华事，暂付红尘笑谈中	牧草连天，风吹草低	潺潺溪水，激石踏尘	停足观望美景尽收	郁郁葱葱，掩映着波平如镜的明镜湖	涉溪停玩	入口静水面	溪水绕岛	隐笑林中去笑谈中

"饮马川"——将藏马山的传奇故事入画，将文化体验融入动线，同时塑造凝练自然的名片场景，展现入城前的自然风貌；连天牧草掩映于茫茫芦苇中，点点流风遗迹与山城相融，游客在此一窥大山河川，殊不知山川河流之中隐隐坐落着阿朵花屿小镇

六、空间体验

1. 前导区入口——马头古墙

结合停车场原有挡墙打造古城入口。极致凝练的自然风貌给来访者带来震撼。怪石孤置结合马形态雕塑，表达藏马于山的文化背景故事，彰显独特魅力。

2. 游客中心核心景观区

牧草湾里芳草连天，开阔的视野里游客中心也立于眼前。走出游客中心，即将进入小镇，一处瀑布近在眼前，眼前一片郁郁葱葱。

从瀑布底部上来，经过密林，沿石阶而上，两边树木郁郁葱葱，绿草如茵，使人想去一探秘境。

景观与建筑共舞，随形而动——景观的线形随建筑的形态利用场地的竖向变化布置叠水与水面景观，种植竖线条精致、舒适的空间

游客中心核心区景观鸟瞰一

"牧草湾"——牧草湾里芳草连天，可以看到马场一角及潺潺流水，在对景形成一片小深潭，潺潺水声伴随微风，让人想靠近一探究竟；开阔的视野里游客中心也立于眼前

建筑掩映于林木之中

核心区景观鸟瞰二

3. 积秀谷、明镜湖

　　穿过密林，到达山谷环抱的明镜湖，视野豁然开朗，远处优美的天际线层峦叠翠，天空映衬下的明镜湖波光粼粼。立于湖上的天守阁、小孤石，布满青苔的入水石阶，一切都让人心情忽然放松、愉悦起来。

虹影桥

积秀谷夏季夜景

积秀谷景观鸟瞰

4."傍水闲街"梦回古巷

潺潺古渠流经古街，悠然惬意。从进入小镇到最高点白马台之间的主商业街区，全程步行400m，引导人们在街区内游走活动，并分段主题打造层层递进的体验性。

商业街设置较多的硬质铺装和体验性景观，引导人们在街区内游走活动，并分流至各个巷道。每一个店铺前的景观都精心修饰，具有独特性，以增强其商业价值。

傍水闲街夏景

傍水闲街景观鸟瞰

傍水闲街华灯初上

傍水闲街夜景

店铺

5. 主题客栈

安放心灵，念念不忘——这才是真正的归隐生活。

云起台山间小筑，是一个置于高地的精致庭院。停留于此可观云卷云舒，坐于悬挑的连廊观景亭可俯瞰落樱溪，景色美不胜收。

云起台庭园一景

客栈入口小景

客栈内庭小景

6. 山丘广场

商业街尽端是山丘广场，人流被引向了这处水系活动区。这里有足够的餐饮和外摆空间；结合空间和水景，放置更多声光电互动节点，增加末端的游玩体验。

明月桥在山丘绿意中若隐若现，有着小桥流水人家的意境。

穿过半人多高的芦苇丛，走进多级的亲水平台，走进樱花丛中，细听溪水潺潺，感受春之美。

夜幕初降的阿朵花屿，蒙上了一层不同于白日繁闹的宁静，在远远的天际线处，缓缓地诉说着自己的故事。

山丘广场水景

山丘广场景观鸟瞰

水潺潺

桥

明月桥

入口景观

七、闻四季之美

四时四季，各景不同，浓缩四季之胜于此，令人流连忘返，念念不忘。不同于春季的绿意盎然，秋季的阿朵花屿红黄相间，又多了一层不一样的秋色韵味。

积秀谷秋景

八、施工过程记录

第一阶段：2019年观摩区、山丘广场动工

第二阶段：2020年观摩区景观完成

第三阶段：2021年初山丘广场景观完成

明镜湖区施工过程

现场高差的处理及巨石的初步摆放

碎拼园路块块打磨

湖区蓄水以保证预期效果

现场种植，精心营造植物天际线

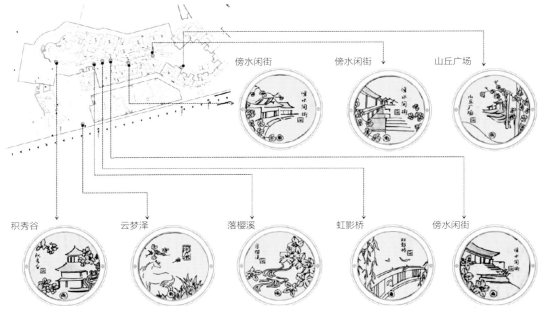

傍水闲街　　　　傍水闲街　　　　山丘广场

积秀谷　　　　云梦泽　　　　落樱溪　　　　虹影桥　　　　傍水闲街

定制井盖用心布置

建成的井盖

樱花平台的树木初步种植

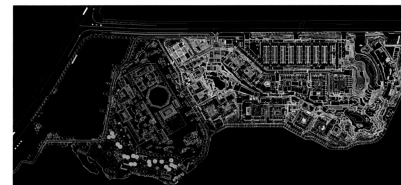

精心雕琢以达高还原度

九、社会效应

阿朵花屿在2021年国庆假期间取得了良好的社会反响，吸引了大量游人来打卡。

十、设计感悟

在当下文旅行业百花竞放的时代，设计者需要做的就是更好地契合场地，挖掘场地本身的特性，构建一个精致拙野的底子，契合文化定位与建筑风貌，打造专属于此地此景的度假小镇。

四季变化之美是阿朵花屿在建设过程中带给大家的惊喜。自然承载着过去与不断变化的未来，也带给景观设计者们更多对场地的思考与敬畏之心。

去寻找一座山、一个小镇，给疲惫的身心放个假。希望阿朵花屿承载着大家心目中的诗和远方，在这里书写自己的田园诗歌，找回自己最美好的一方天地。

▲镇鸟瞰夜景

海南雅居乐·万宁山钦湾

项目地点：海南省万宁市

项目面积：约 18000m²

景观设计公司：GVL 怡境国际设计集团

设计团队：张达、蔡阿杰、刘志勇、马春华、陈恺然、徐量、
　　　　　陈兵、李谦、陈月玲、杨东、李昭仪、肖华文

景观施工图：GVL 怡境国际设计集团

景观施工单位：雅玥园林

摄　　　影：三棱镜

一、项目概述

　　雅居乐山钦湾以开启第二人生、远离城市、回归山海的
设计理念，采用与城市楼盘截然不同的景观手法设计，扩大
山海旅居的感官体验。景观主要以放大山海景观为重点，在
人工化的造景中尽量保留场地记忆，采用本土材料与纯净的
色调，在不破坏原生场地的基础上尽可能地利用原生山海景
色，给人具有山钦湾本土特色的自然旅居景观体验。

无遮挡海景感受自然的召唤

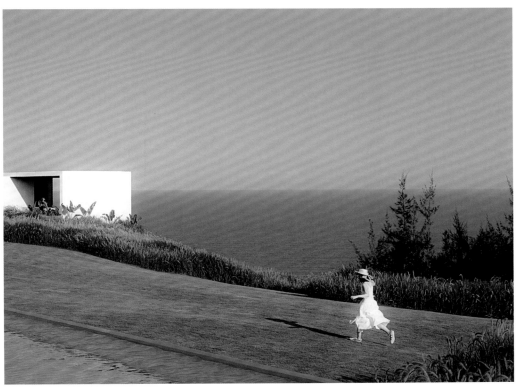

在回归山海中倾听本我

二、项目现状

海南不缺华丽精致的度假胜地，却缺乏独特浪漫的山海文化、人文温度。而万宁山钦湾三面环山，一面朝海，坐拥中国海南东部黄金海岸线，开发较迟，但原生海岛景观氛围更为浓郁。安静、浪漫、在地文化浓厚，共同使万宁山钦湾成为能让人心灵平静也能心潮澎湃的最适合度假之地。放大滨海旅居舒适度作为项目爆点，紧密依托并将其作为住宅定位的延伸，营造只有山钦湾才会拥有的浸入式场景。

石梅湾水碧湾阔，滩白如玉；日月湾浪腾似锦，白帆点点；山钦湾则波光粼粼，涛声阵阵。2.8km绝美漫长的黑石海岸、迷人的九鲸石、神秘的燕鸟洞，为场地浸入未被开发的原生之美。在海风的呼唤中，这片质朴的海岸上散发着原真天然的隐世气质。来到这里，与海谈心；留在这里，听石和鸣。旅人们如燕鸟归巢，回归这隐世的港湾，寄托心灵的悸动。

愿在原臻之间，遇见托付心灵的理想远方，开启融入山海的第二人生。

图例

1. 昭示门楼	9. 山水峡谷	17. 屋顶平台
2. 点式水景	10. 景观绿岛	18. 层级水景
3. 艺术门楼	11. 景观绿篱	19. 林荫小径
4. 特色标识墙	12. 镜面前厅	20. 归家通道
5. 林荫大道	13. 无边泳池	21. 绿化通道
6. 地面停车	14. 下沉卡座	22. 下海通道
7. 大巴停车位	15. 会客厅	
8. 对景景墙	16. 眺望平台	

总平面图

碧山　　菠萝田

黑石海滩　　浪潮

景观资源

三、详细设计与措施

山钦湾项目从乡道入口至售楼空间有较长的距离，因此景观进行分段式设计，通过景观草山道、凤凰木大道和水景峡谷通道让游客随沿途景观逐渐转换心情，不断放大人们对山海景观的期待和通过峡谷后面对无垠海面的震惊心情。营造以海景为主，园建为辅的具有宁静氛围感的沉浸式景观空间。因此，设计师从山钦湾原生环境中提取黑礁石等在地设计元素，并将其贯穿在空间造型、材料选材、布品细节的过程中，从入口界面到样板房庭院，无不贯彻源于场地、原生材质结合现代简约的设计手法，通过人工精致的简洁立面、粗粝质朴的黑石与热带风情植物碰撞出极致，呈现优雅的景观效果。

1. 到达体验

山钦湾乡道周边保留自然山体与田野景观，利用景观草与通透乔木绿化营造两侧看山景观，并用现代艺术的精神堡垒与阵列灌木花基作为入口昭示点，彰显进入园区的领域感。园区入口由大型圆形构架作为第一道风景，纯白轻盈的构架结合当地原生整石组合出浑然天成的美感，粗粝与精致的结合为接下来的景色拉开序幕。构架外立面的山钦湾标识昭示着园区的起点，走进构架，中央的景观水盘上刻有"人生转场见山海"。原生整石与池底片岩模拟黑石沙滩的质感。构架立面提取山钦湾最具有特色的菠萝田景观元素，给人以耳目一新的独特质感。

主入口及标识

带风情植物

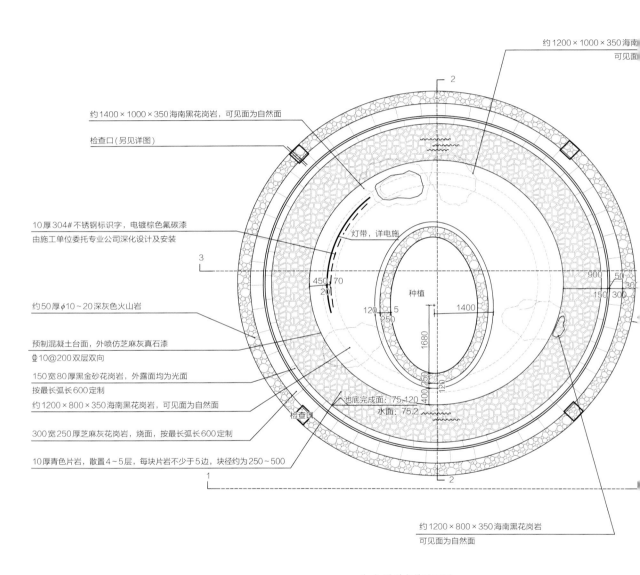

约1400×1000×350海南黑花岗岩，可见面为自然面

检查口（另见详图）

10厚304#不锈钢标识字，电镀棕色氟碳漆
由施工单位委托专业公司深化设计及安装

约50厚φ10~20深灰色火山岩

预制混凝土台面，外喷仿芝麻灰真石漆
Φ10@200双层双向
150宽80厚黑金砂花岗岩，外露面均为光面
按最长弧长600定制
约1200×800×350海南黑花岗岩，可见面为自然面

300宽250厚芝麻灰花岗岩，烧面，按最长弧长600定制

10厚青色片岩，散置4~5层，每块片岩不少于5边，块径约为250~500

约1200×1000×350海南
可见面

灯带，详电施

种植

450 70
20
120 15
250
1400
1680
900 50
150 300
400 250
120

池底完成面：75-120
水面：75.2

约1200×800×350海南黑花岗岩
可见面为自然面

（a）圆形水景平面图

注：为防止石材泛碱，与水接触的石材贴面
及拼接面均匀抹2遍黑色胶泥

圆形水景详细设计

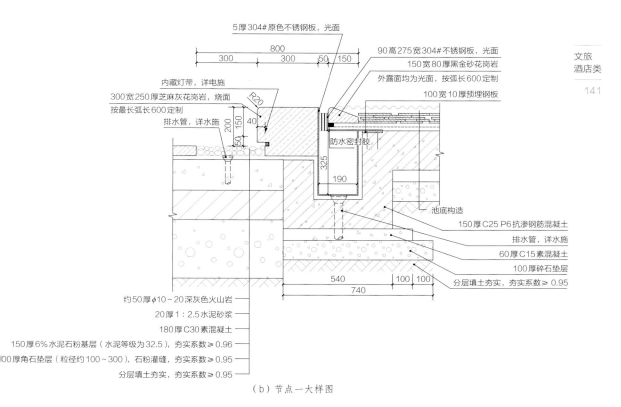

5厚304#原色不锈钢板，光面

90高275宽304#不锈钢板，光面
150宽80厚黑金砂花岗岩
外露面均为光面，按弧长600定制
100宽10厚预埋钢板

内藏灯带，详电施
300宽250厚芝麻灰花岗岩，烧面
按最长弧长600定制
排水管，详水施

R20
200
150
40
50

325

190

防水密封胶

池底构造
150厚C25 P6抗渗钢筋混凝土
排水管，详水施
60厚C15素混凝土
100厚碎石垫层
分层填土夯实，夯实系数≥0.95

540   100   100
740

约50厚φ10~20深灰色火山岩
20厚1：2.5水泥砂浆
180厚C30素混凝土
150厚6%水泥石粉基层（水泥等级为32.5），夯实系数≥0.96
300厚角石垫层（粒径约100~300），石粉灌缝，夯实系数≥0.95
分层填土夯实，夯实系数≥0.95

（b）节点一大样图

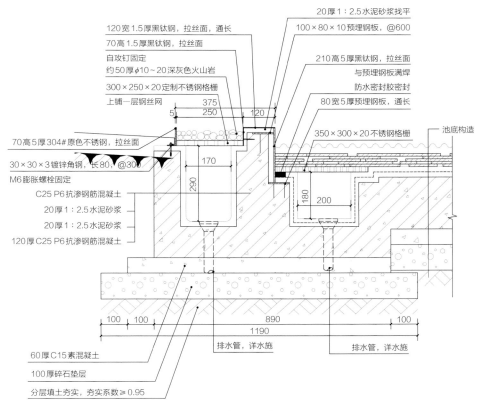

120宽1.5厚黑钛钢，拉丝面，通长
70高1.5厚黑钛钢，拉丝面
自攻钉固定
约50厚φ10~20深灰色火山岩
300×250×20定制不锈钢格栅
上铺一层钢丝网

20厚1：2.5水泥砂浆找平
100×80×10预埋钢板，@600

210高5厚黑钛钢，拉丝面
与预埋钢板满焊
防水密封胶密封
80宽5厚预埋钢板，通长
350×300×20不锈钢格栅

池底构造

70高5厚304#原色不锈钢，拉丝面
30×30×3镀锌角钢，长80，@300
M6膨胀螺栓固定
C25 P6抗渗钢筋混凝土
20厚1：2.5水泥砂浆
20厚1：2.5水泥砂浆
120厚C25 P6抗渗钢筋混凝土

375
5
250   120

170
290

180
200

100   100   890   100
1190

60厚C15素混凝土
100厚碎石垫层
分层填土夯实，夯实系数≥0.95

排水管，详水施   排水管，详水施

（c）节点二大样图

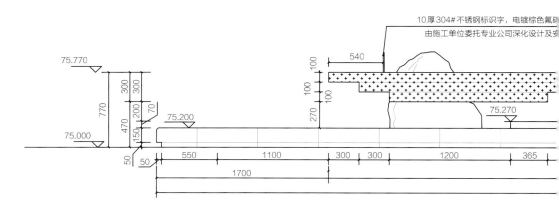

10厚304#不锈钢标识字,电镀棕色氟碳
由施工单位委托专业公司深化设计及安

(d) 1-1

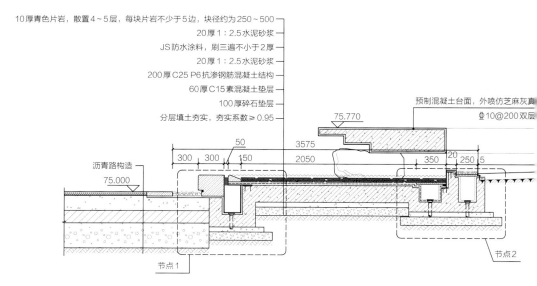

10厚青色片岩,散置4~5层,每块片岩不少于5边,块径约为250~500
20厚1:2.5水泥砂浆
JS防水涂料,刷三遍不小于2厚
20厚1:2.5水泥砂浆
200厚C25 P6抗渗钢筋混凝土结构
60厚C15素混凝土垫层
100厚碎石垫层
分层填土夯实,夯实系数≥0.95

预制混凝土台面,外喷仿芝麻灰真
Φ10@200双层

沥青路构造

节点1

节点2

(e) 2-2

圆形水景详细设计

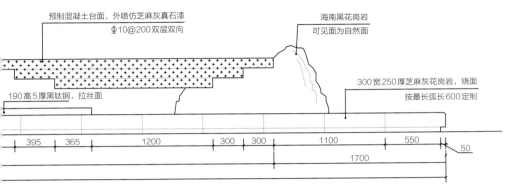

预制混凝土台面，外喷仿芝麻灰真石漆
Φ10@200双层双向

海南黑花岗岩
可见面为自然面

190高5厚黑钛钢，拉丝面

300宽250厚芝麻灰花岗岩，烧面
按最长弧长600定制

| 395 | 365 | 1200 | 300 | 300 | 1100 | 550 | 50 |

1700

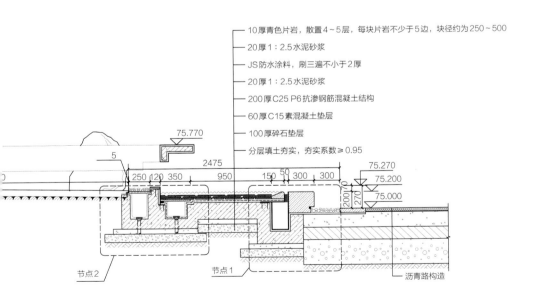

10厚青色片岩，散置4~5层，每块片岩不少于5边，块径约为250~500
20厚1:2.5水泥砂浆
JS防水涂料，刷三遍不小于2厚
20厚1:2.5水泥砂浆
200厚C25 P6抗渗钢筋混凝土结构
60厚C15素混凝土垫层
100厚碎石垫层
分层填土夯实，夯实系数≥0.95

75.770

5

2475

75.270
75.200
75.000

| 250 | 120 | 350 | 950 | 150 | 50 | 300 | 300 |

200/70
270

节点2

节点1

沥青路构造

2. 峡谷通道

　　从入口门楼进入展示中心共有253m长的道路，分为林荫大道与水景峡谷两段，让人们在途中逐渐转换心情，放大人们通过峡谷后面对无垠海面的震撼心情。沿着凤凰木与狼尾草组成的林荫大道一路走来，层层叠叠的花基映入眼帘，高大的植物组团与花基的结合使通往展示中心的道路形成峡谷景观，与林荫大道形成独特的空间体验。层级花基结合水景，小型流瀑从两侧倾泻而出，流入两侧溪流，一路延伸至展示中心。

峡谷通道

峡谷端景

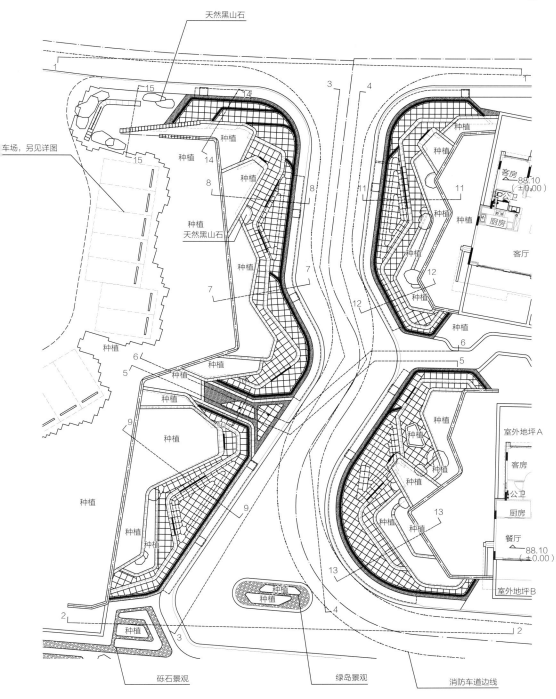

天然黑山石

车场，另见详图

北

天然黑山石

种植
种植
种植
种植
种植
种植
种植
种植
种植
种植
种植
种植
种植
种植
种植
种植
种植
种植
种植
种植
种植

客房 88.10
（±0.00）
公卫
厨房
客厅

室外地坪A
客房
公卫
厨房
餐厅 88.10
（±0.00）
室外地坪B

砾石景观

绿岛景观

消防车道边线

（a）峡谷水景平面图

峡谷水景详细设计

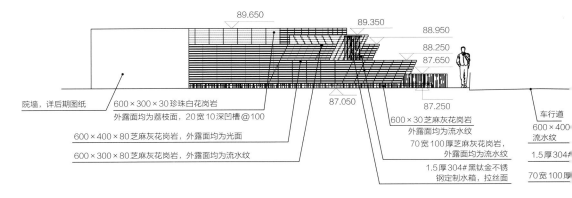

院墙，详后期图纸

600×300×30珍珠白花岗岩
外露面均为荔枝面，20宽10深凹槽@100

600×400×80芝麻灰花岗岩，外露面均为光面

600×300×80芝麻灰花岗岩，外露面均为流水纹

600×30芝麻灰花岗岩
外露面均为流水纹

70宽100厚芝麻灰花岗岩，
外露面均为流水纹

1.5厚304#黑钛金不锈
钢定制水箱，拉丝面

车行道
600×400
流水纹

1.5厚304#

70宽100厚

（b）1-1立面

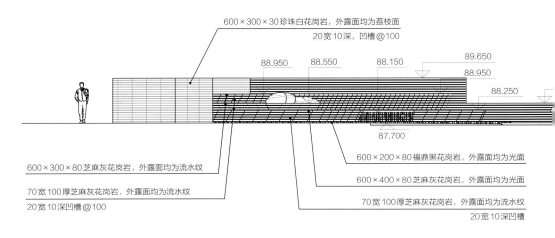

600×300×30珍珠白花岗岩，外露面均为荔枝面
20宽10深，凹槽@100

600×300×80芝麻灰花岗岩，外露面均为流水纹

70宽100厚芝麻灰花岗岩，外露面均为流水纹
20宽10深凹槽@100

600×200×80福鼎黑花岗岩，外露面均为光面

600×400×80芝麻灰花岗岩，外露面均为光面

70宽100厚芝麻灰花岗岩，外露面均为流水纹
20宽10深凹槽

（c）2-2立面

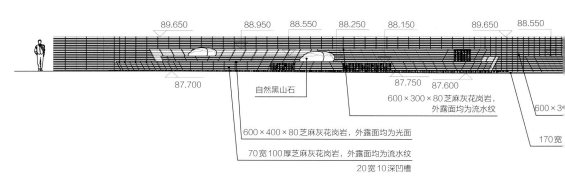

自然黑山石

600×400×80芝麻灰花岗岩，外露面均为光面

70宽100厚芝麻灰花岗岩，外露面均为流水纹
20宽10深凹槽

600×300×80芝麻灰花岗岩，
外露面均为流水纹

600×3

170宽

（d）3-3立面

峡谷水景详细设计

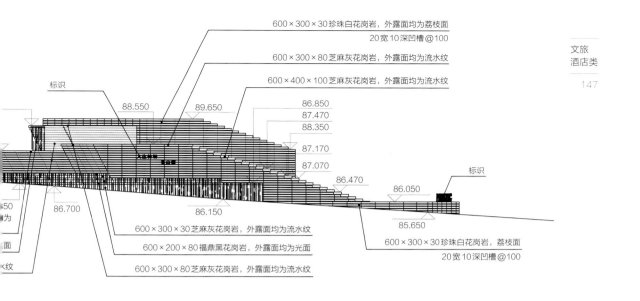

600×300×30珍珠白花岗岩，外露面均为荔枝面
20宽10深凹槽@100

600×300×80芝麻灰花岗岩，外露面均为流水纹

600×400×100芝麻灰花岗岩，外露面均为流水纹

标识

88.550
89.650
86.850
87.470
88.350
87.170
87.070
86.470
86.050
标识
86.150
85.650
86.700

600×300×30芝麻灰花岗岩，外露面均为流水纹
600×200×80福鼎黑花岗岩，外露面均为光面
600×300×80芝麻灰花岗岩，外露面均为流水纹

600×300×30珍珠白花岗岩，荔枝面
20宽10深凹槽@100

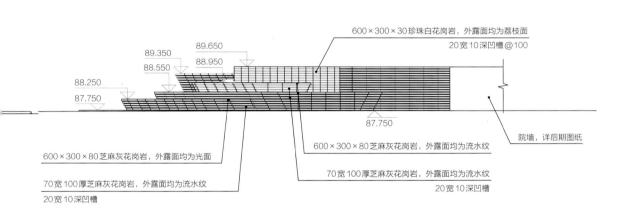

600×300×30珍珠白花岗岩，外露面均为荔枝面
20宽10深凹槽@100

89.350
89.650
88.550
88.950
88.250
87.750
87.750

院墙，详后期图纸

600×300×80芝麻灰花岗岩，外露面均为光面

70宽100厚芝麻灰花岗岩，外露面均为流水纹
20宽10深凹槽

600×300×80芝麻灰花岗岩，外露面均为流水纹

70宽100厚芝麻灰花岗岩，外露面均为流水纹
20宽10深凹槽

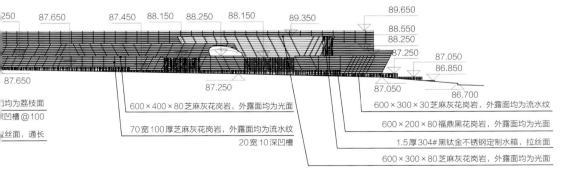

250
87.650
87.450
88.150
88.250
88.150
89.350
89.650
88.550
88.250
87.250
87.050
86.850
87.650
87.250
87.050
86.700

均为荔枝面
槽@100

丝面，通长

600×400×80芝麻灰花岗岩，外露面均为光面

70宽100厚芝麻灰花岗岩，外露面均为流水纹
20宽10深凹槽

600×300×30芝麻灰花岗岩，外露面均为流水纹

600×200×80福鼎黑花岗岩，外露面均为光面

1.5厚304#黑钛金不锈钢定制水箱，拉丝面

600×300×80芝麻灰花岗岩，外露面均为光面

3. 镜面前厅

港湾式落客区中的高大乔木隐隐遮住峡谷通道的视线，让人产生憧憬。移步穿越峡谷通道，来到展示中心，建筑前的镜面水景将建筑与天色同处一面，水景上漂浮着利用塑形石头挖洞组合成燕子洞礁石形态的雕塑，并在周边散落组合燕子小品，模拟独特燕子洞石漂浮在海面上的画面。透过通透的展示建筑望去，一望无际的海景迅速将游人的眼球吸引。从展示中心室内可透过落地玻璃窗看到的水帘，与室外海景连成一片。

无边际泳池景观

望海镜面前厅

4. 景观泳池

高大的水帘将室内与泳池进行分隔，水帘下的卡座是观海休闲的最佳位置。从展示中心出来，不规则的石材铺装镶嵌着海南本地整石，周边由棕榈树与热带植物围合出极具风情与相对私密的空间。无边际泳池与海面融为一体，洁白的泳池材质仿佛与天空相映，外池壁采用天然质感的面层，使泳池既有人工的精致又有天然的质朴。

泳池瀑布跌水

泳池边的躺椅

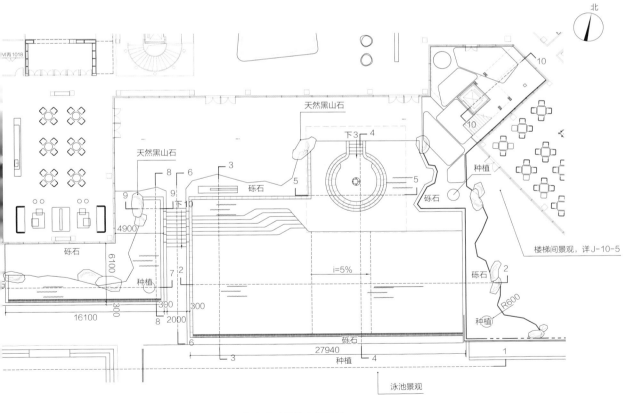

（a）泳池及周边平面图

售楼处泳池详细设计

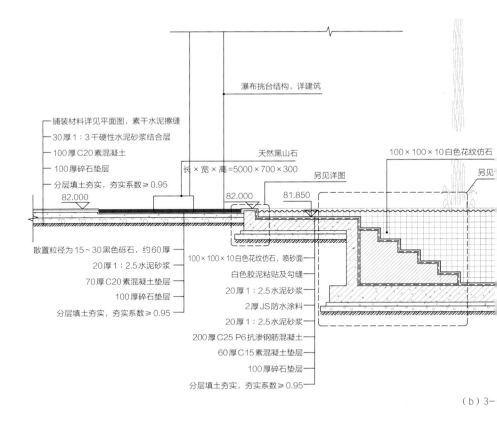

瀑布挑台结构，详建筑

铺装材料详见平面图，素干水泥擦缝
30厚1：3干硬性水泥砂浆结合层
100厚C20素混凝土
100厚碎石垫层
分层填土夯实，夯实系数≥0.95

天然黑山石

长×宽×高=5000×700×300

100×100×10白色花纹仿石

另见详图

另见

82.000

82.000

81.850

散置粒径为15～30黑色砾石，约60厚
20厚1：2.5水泥砂浆
70厚C20素混凝土垫层
100厚碎石垫层
分层填土夯实，夯实系数≥0.95

100×100×10白色花纹仿石，喷砂面
白色胶泥粘贴及勾缝
20厚1：2.5水泥砂浆
2厚JS防水涂料
20厚1：2.5水泥砂浆
200厚C25 P6抗渗钢筋混凝土
60厚C15素混凝土垫层
100厚碎石垫层
分层填土夯实，夯实系数≥0.95

（b）3-

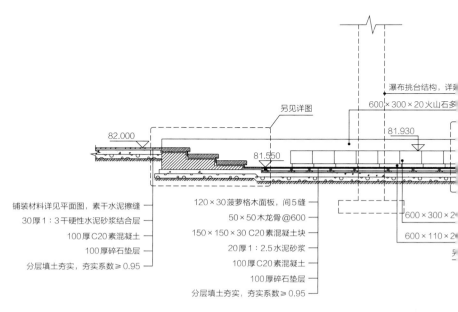

瀑布挑台结构，详

600×300×20火山石多

另见详图

82.000

81.930

81.550

铺装材料详见平面图，素干水泥擦缝
30厚1：3干硬性水泥砂浆结合层
100厚C20素混凝土
100厚碎石垫层
分层填土夯实，夯实系数≥0.95

120×30菠萝格木面板，间5缝
50×50木龙骨@600
150×150×30 C20素混凝土块
20厚1：2.5水泥砂浆
100厚C20素混凝土
100厚碎石垫层
分层填土夯实，夯实系数≥0.95

600×300×2

600×110×2

（c）4-

售楼处泳池详细设计

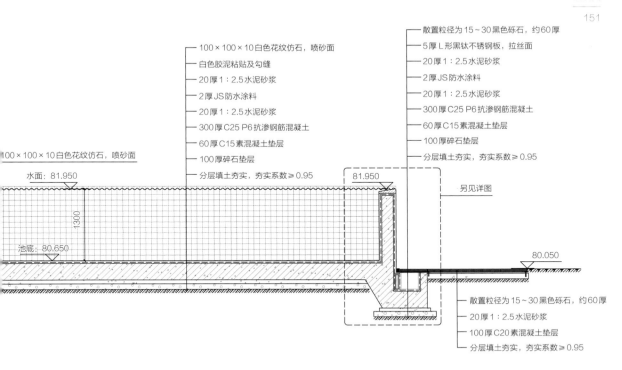

100×100×10白色花纹仿石，喷砂面
白色胶泥粘贴及勾缝
20厚1：2.5水泥砂浆
2厚JS防水涂料
20厚1：2.5水泥砂浆
300厚C25 P6抗渗钢筋混凝土
60厚C15素混凝土垫层
100厚碎石垫层
分层填土夯实，夯实系数≥0.95

散置粒径为15～30黑色砾石，约60厚
5厚L形黑钛不锈钢板，拉丝面
20厚1：2.5水泥砂浆
2厚JS防水涂料
20厚1：2.5水泥砂浆
300厚C25 P6抗渗钢筋混凝土
60厚C15素混凝土垫层
100厚碎石垫层
分层填土夯实，夯实系数≥0.95

水面：81.950
81.950
1300
池底：80.650
另见详图
80.050

散置粒径为15～30黑色砾石，约60厚
20厚1：2.5水泥砂浆
100厚C20素混凝土垫层
分层填土夯实，夯实系数≥0.95

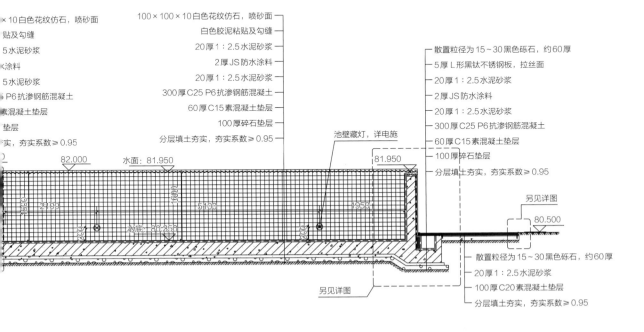

×10白色花纹仿石，喷砂面
贴及勾缝
5水泥砂浆
涂料
5水泥砂浆
P6抗渗钢筋混凝土
素混凝土垫层
垫层
实，夯实系数≥0.95

100×100×10白色花纹仿石，喷砂面
白色胶泥粘贴及勾缝
20厚1：2.5水泥砂浆
2厚JS防水涂料
20厚1：2.5水泥砂浆
300厚C25 P6抗渗钢筋混凝土
60厚C15素混凝土垫层
100厚碎石垫层
分层填土夯实，夯实系数≥0.95

池壁藏灯，详电施

散置粒径为15～30黑色砾石，约60厚
5厚L形黑钛不锈钢板，拉丝面
20厚1：2.5水泥砂浆
2厚JS防水涂料
20厚1：2.5水泥砂浆
300厚C25 P6抗渗钢筋混凝土
60厚C15素混凝土垫层
100厚碎石垫层
分层填土夯实，夯实系数≥0.95

82.000
水面：81.950
81.950
另见详图
80.500
1600
2100
5100
1950
水底：80.350

另见详图

散置粒径为15～30黑色砾石，约60厚
20厚1：2.5水泥砂浆
100厚C20素混凝土垫层
分层填土夯实，夯实系数≥0.95

5. 户外会客厅

　　泳池一侧为专供客人休闲或提供轻食饮品等的看海平台，通过木栈道延伸出一个较为现代简洁的望海廊架，以观赏草将平台与廊架隔开。穿过栈道，人们将深入体验海洋风情，欣赏海天一色的美景。廊架的左侧有延伸出来的砾石平台，一棵孤植树伫立在砾石与野性观赏草上。夕阳西下，人们坐于树下，共同度过这浪漫而又温暖的日落时分。

观海框景廊架

观海休闲平台

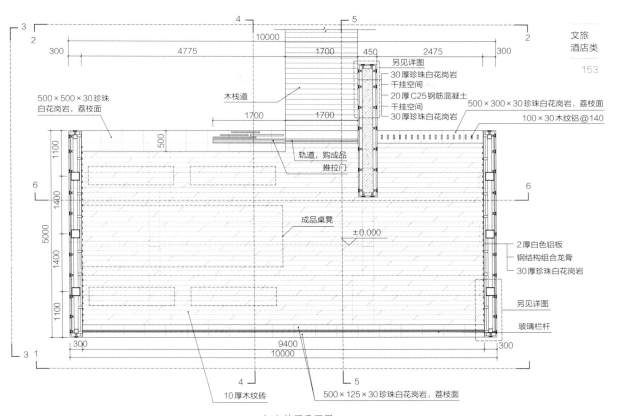

（a）地面平面图

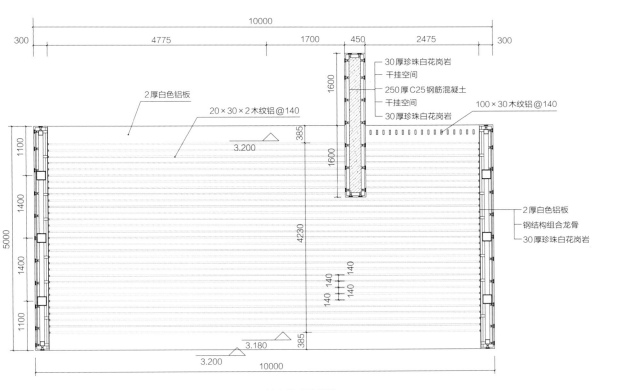

（b）天花平面图

观海框景廊架详细设计

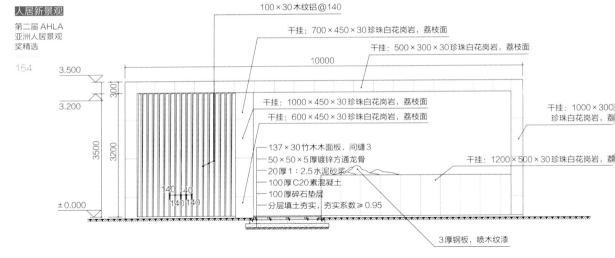

100×30木纹铝@140

干挂：700×450×30珍珠白花岗岩，荔枝面

干挂：500×300×30珍珠白花岗岩，荔枝面

10000

3.500

300

3.200

3500

3200

干挂：1000×450×30珍珠白花岗岩，荔枝面

干挂：600×450×30珍珠白花岗岩，荔枝面

干挂：1000×300
珍珠白花岗岩，荔

137×30竹木木面板，间缝3
50×50×5厚镀锌方通龙骨
20厚1：2.5水泥砂浆
100厚C20素混凝土
100厚碎石垫层
分层填土夯实，夯实系数≥0.95

干挂：1200×500×30珍珠白花岗岩，荔

140 140
140 140

±0.000

3厚钢板，喷木纹漆

（c）2-2剖面图

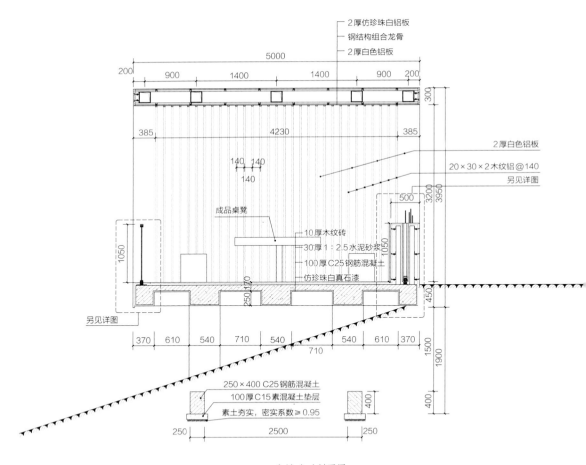

2厚仿珍珠白铝板
钢结构组合龙骨
2厚白色铝板

5000

200 900 1400 1400 900 200

300

385 4230 385

2厚白色铝板

20×30×2木纹铝@140
另见详图

140 140
140

3200 3950

500

成品桌凳

1050

1050

10厚木纹砖
30厚1：2.5水泥砂浆
100厚C25钢筋混凝土
仿珍珠白真石漆

另见详图

250 170

450

370 610 540 710 540 540 610 370

710

1500 1900

250×400 C25钢筋混凝土
100厚C15素混凝土垫层

素土夯实，密实系数≥0.95

400

250 2500 250

（d）4-4剖面图

观海框景廊架详细设计

6. 天台花园

　　东侧天台花园主要以草坪和汀步组成，配置景观草与仙人掌，形成干净纯粹的观海挑台。西侧天台花园主要为镜面水景，水面上的汀步仿佛漂浮在海天之间。人们可以坐在沉于镜面水中的卡座，享受宁静的思考空间。

屋顶观海挑台

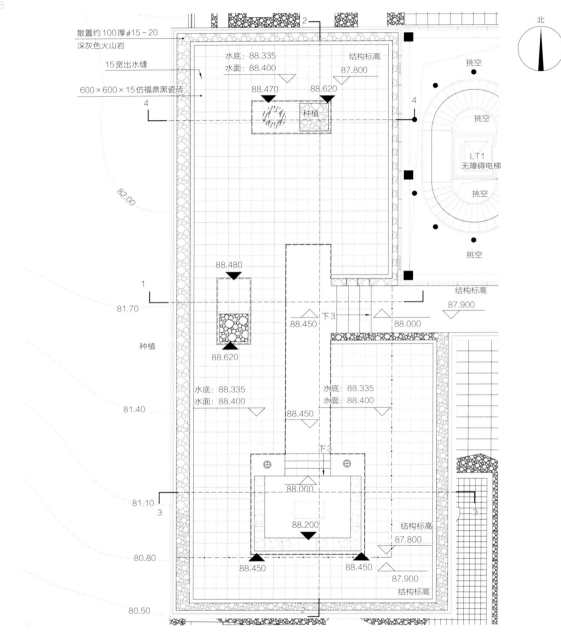

散置约100厚φ15~20
深灰色火山岩

15宽出水缝

600×600×15仿福鼎黑瓷砖

水底: 88.335
水面: 88.400

结构标高
87.800

88.470   88.620

种植

挑空

挑空

LT1
无障碍电梯

挑空

挑空

82.00

88.480

1
81.70

88.620

种植

下3

88.450

结构标高
87.900

88.000

水底: 88.335
水面: 88.400

水底: 88.335
水面: 88.400

81.40

88.450

下3

81.10
3

88.000

88.200

结构标高
87.800

80.80

88.450

88.450

87.900

结构标高

80.50

北

（a）平面图

屋顶观海挑台详细设计

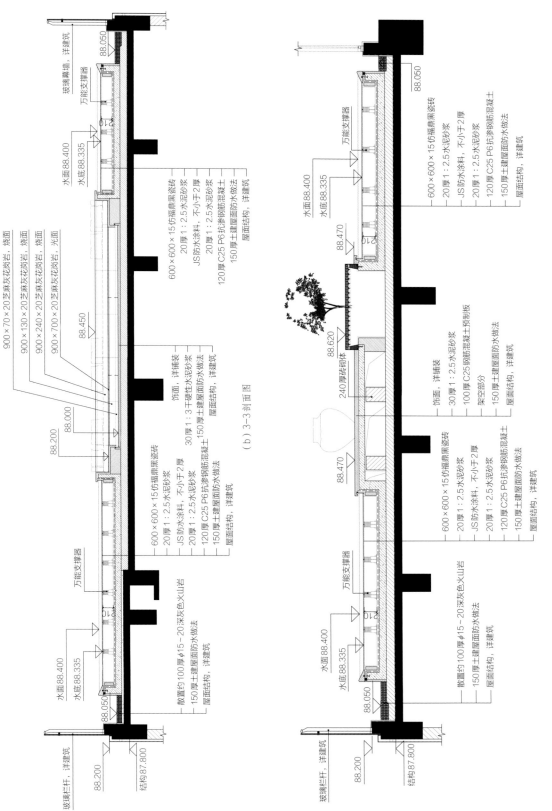

（b）3—3剖面图

（c）4—4剖面图

下海木栈道

7. 下海木栈道

　　泳池旁的下海通道以木栈道和木平台为主，充分利用场地的自然资源。场地使用更自然的入海通道，尽量不破坏自然山地，向西边的林地间穿行，并可以遮阴。木栈道周边设置大面积的网红粉黛乱子草与木麻黄，营造野趣盎然的下海体验，每隔一段木栈道设计可供休憩的木平台，人们可以在这里休憩观海，打卡拍照。木栈道两侧扶手刻有山钦湾标识与"融入山海"的字样，在行走过程中感受诗意。沿着木栈道继续行走至半崖，一座纯白色的教堂构架隐藏在绿意之中，仿佛漂浮在树木之上，进入其中，只能感受涛声的安宁。

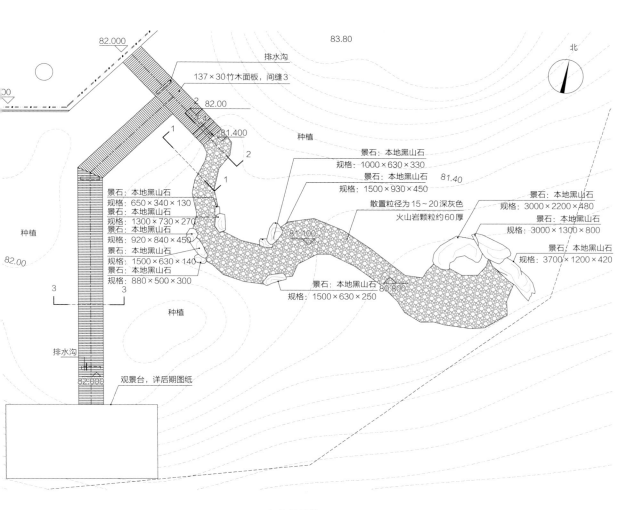

（a）平面图

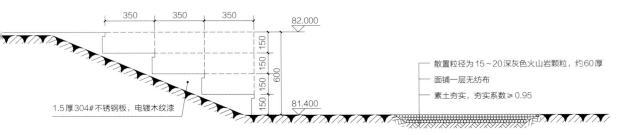

（b）1-1剖面图

下海木栈道详细设计

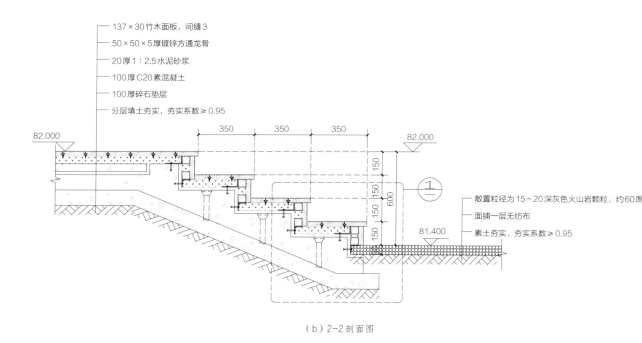

137×30竹木面板，间缝3
50×50×5厚镀锌方通龙骨
20厚1：2.5水泥砂浆
100厚C20素混凝土
100厚碎石垫层
分层填土夯实，夯实系数≥0.95

82.000

350　350　350

82.000

150
150　600
150
150

散置粒径为15～20深灰色火山岩颗粒，约60厚
面铺一层无纺布
素土夯实，夯实系数≥0.95

81.400

（b）2-2剖面图

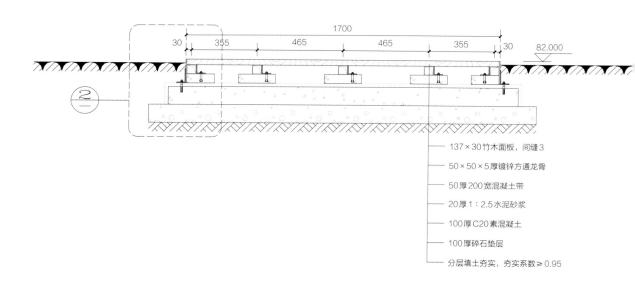

1700

30　355　465　465　355　30

82.000

137×30竹木面板，间缝3
50×50×5厚镀锌方通龙骨
50厚200宽混凝土带
20厚1：2.5水泥砂浆
100厚C20素混凝土
100厚碎石垫层
分层填土夯实，夯实系数≥0.95

（c）3-3剖面图

下海木栈道详细设计

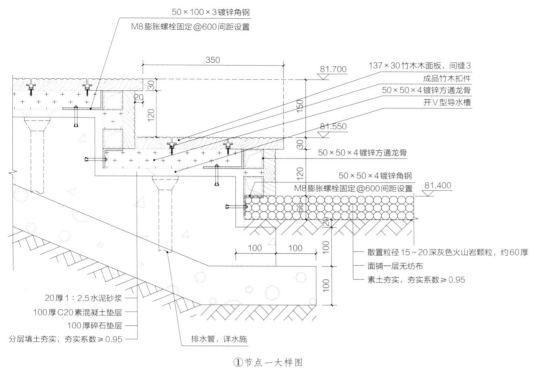

50×100×3镀锌角钢
M8膨胀螺栓固定@600间距设置

350

81.700

30
20
120

137×30竹木木面板，间缝3
成品竹木扣件
50×50×4镀锌方通龙骨
开V型导水槽

150

81.550

30

50×50×4镀锌方通龙骨

120

50×50×4镀锌角钢
M8膨胀螺栓固定@600间距设置

81.400

100   100

100

120

100

散置粒径15～20深灰色火山岩颗粒，约60厚
面铺一层无纺布
素土夯实，夯实系数≥0.95

20厚1:2.5水泥砂浆
100厚C20素混凝土垫层
100厚碎石垫层
分层填土夯实，夯实系数≥0.95

排水管，详水施

①节点一大样图

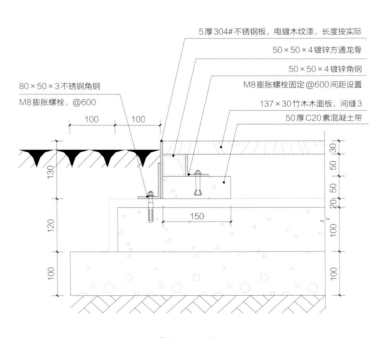

5厚304#不锈钢板，电镀木纹漆，长度按实际
50×50×4镀锌方通龙骨
50×50×4镀锌角钢
M8膨胀螺栓固定@600间距设置
137×30竹木木面板，间缝3
50厚C20素混凝土带

80×50×3不锈钢角钢
M8膨胀螺栓，@600

100   100

130

120

100

30
50
50
20
100
100

150

②节点二大样图

8. 样板间通道

样板间入口门楼由灰色钢板围合出折线形状,形成具有领域性的入口。通道两侧以折线花基与山石簇拥着客人拾级而上,丰富多层次的热带植物为通道带来林荫。

热带林荫通道

9. 样板间庭院

样板间庭院为现代风格,白色的院墙上装饰着具有原生气质的雕塑挂件,以钢板围合成的花基尽显庭院的精致。庭院门头与样板间通道门楼成一系列,深灰色的钢板铁艺门与灰白具有质感的围墙相交。130~150样板庭院由室外平台与景观流水组成,气质干净纯粹,配合具有原生气质的布品软装。人们可以坐在房檐下的秋千吊椅中,享受宁静的下午茶时间。170样板庭院以无边际泳池与布品平台为主体,无遮挡的海景通过泳池映入屋内。庭院一侧设置下海砾石平台,延伸庭院空间,感受融入海洋之美。

原生气质样板间

四、项目建成后的意义

"天地钟情而赐群峰，琼岛毓秀而聚众岭。"本项目以"自然+度假"为定位，紧密依托山海资源放大滨海旅居的舒适度，并将其作为第二人生居所定位的延伸，营造只有山钦湾才会拥有的浸入式场景。同时渗透设计者对天、地、人的深刻尊重与理解：希望在理性秩序的世界中，仍有生命流动的盛宴。这正应和了现代人试图寻找的一种理想生活方式，于此开启第二人生注解：回归天性、释放人性、修炼心性。

融入山海，自由延展。在山钦湾，愿人们能重燃人生，与志同道合者一起享受澎湃的山海生活。

盈的观海氛围

社区景观类

重庆香港置地卓越集团·林山郡

郑州·万科美景世玠

万科南方区域深圳万科·天琴湾

宁波绿城凤起潮鸣

重庆香港置地卓越
集团 · 林山郡

项目地点：重庆市

项目面积：约 41000m²

景观设计公司：沃亚景观

设计团队：黄永辉、韦慧、赵磊、彭仁芳、陈柏文、杨华文、
李建、孙瑜、曹攀、何娇娇、陈国钰

施工单位：上海国宏市政绿化工程有限公司

摄　　影：三棱镜

一、项目概述

林山郡紧邻山体公园，南北高差近30m，分为三级台地，台地高差把三级庭院分隔开来。东西向通过山林延伸，把园区内外融为一体；南北向用自然山水的手法把阻断的立面连接起来，化为亮点与特色。设计师将山林引入园内，营造了"藏于山、长于林"的浪漫诗意山地景观。

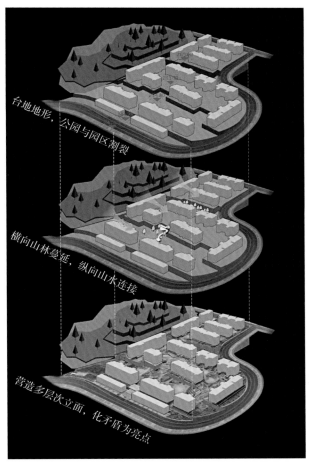

场地关系解读

二、项目详情

1. 主入口空间

主入口空间是与城市接驳的第一印象。如何解决主入口与市政道路斜坡所形成的三角面，并且体现主入口的品质感与归家仪式感，是亟须解决的问题。设计师利用丰富的跌级水景结合绿化形成一个整体的立面形象，交通居于一侧，巧妙化解了入口坡度带来

过程方案一　　　　　　　　过程方案二　　　　　　　　最终方案

主入口空间设计方案演变过程

的不适感。结合一层入口与二层园区 13m 的落差，使景观与建筑一体化，材质与功能相互融合，一层观台地层叠，二层瞰江水奔涌。

尊享归家入口

入口夜景

2. 中心会客花园

从主入口陡然抬升13m，空间由收转为突然打开，豁然开朗，中心庭院如山水画卷展于眼前。

于住宅空间而言，层层分台的高差利弊俱显。其利在于，空间的营造如精彩剧本，跌宕起伏，悬念层出不穷，容易做到量体裁衣，与众不同；而其弊端同样突显，即立面处理是公认难题，空间节奏难以连续，连续"爬梯"令人生畏。

林山郡中心会客花园在设计过程中三易其稿，为的就是充分扬长避短。除了豁然开朗的画面感，在手法上，以"山""水""林"为要素，纵向上利用6m多的高差营造铺漫而下的跌落山水，横向上以山水及林涧渗透至两侧架空层与庭院。"大高差的路"幻化为林间一缕"云带"，穿梭于树影、水声之间，妙趣横生，移步景异，尽享林间慢生活。

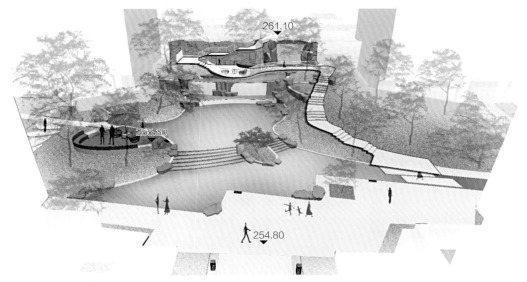

中心会客花园鸟瞰图

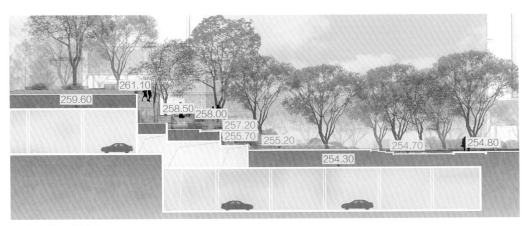

6m高差处理分析图

休憩空间

中心会客花园鸟瞰实景

观景平台

水景近景

3. 儿童活动空间

儿童活动空间存在约 5.5m 的高差，两侧紧靠架空层。设计师反复斟酌：如何巧妙化解高差并与架空层的空间相互渗透，同时赋予其"山"与"林"的特色，为儿童提供属于他们的一片天地？

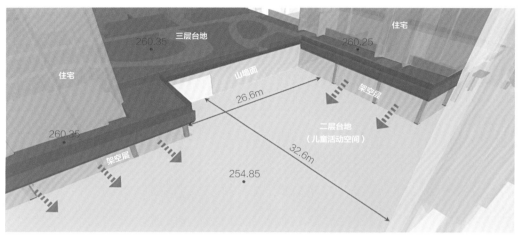

儿童活动空间场地条件分析图

山林、幽谷、探索、惊喜、萤火虫、昆虫国……这些场景跃然纸上，因此有了"山林探秘"的主题。设置"飘带"式路径连接上下层台地，打通流线；将儿童场地延伸至架空层，让室内外空间充分渗透、互融；丰富场地功能，如家长看护、林下休憩……人们在这里感受林山郡独有的林下童趣。这里是属于儿童最纯真的好奇空间。

儿童活动空间概念演绎

林荫小径

儿童活动空间鸟瞰

家长看护区

儿童攀爬墙

开心滑梯

趣味蹦蹦床

"惊喜山洞"

4. 台地花园

结合高差，在园区最高处的台地上营造一方林下花园，恰到好处地安放停留、活动的平台。这里既有属于老人的喜乐，也有属于儿童的嬉戏。

儿童台地空间

儿童台地空间结合跌级水景

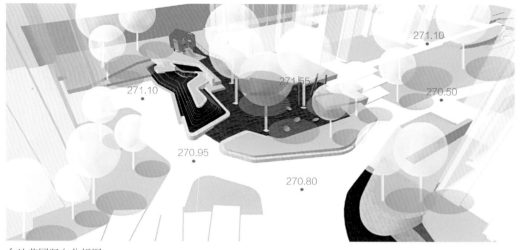

台地花园竖向分析图

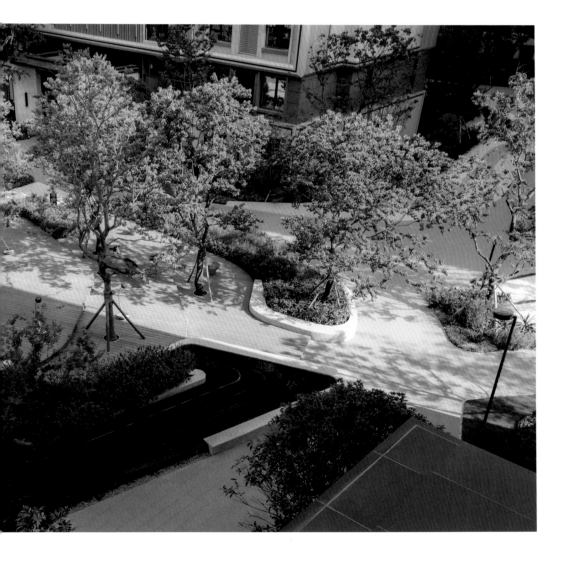

5. 宅间花园

引山入园，以林为家，由建筑围合以及台地形成的东西向五个宅间庭院，实现了山体公园与建筑相互渗透，你中有我，我中有你。

设计方案除了用林来缝合项目场地与山体之间的缝隙以外，植物种植手法尽可能纯粹，以片林为主题进行区分，体现季相变化。在浪漫的树影林间回家，感受四季，品尝春秋。

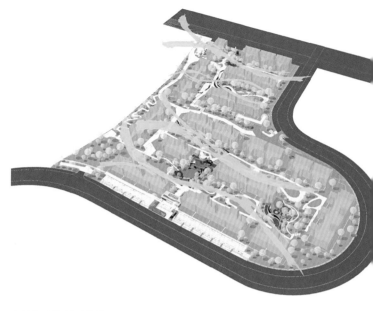

山林与建筑相互渗透

林下休憩空间

树荫掩映下的交谈空间

林荫下的归家之路

归家小径

趣味草坪一

趣味草坪二

视野开敞的林

娑的归家之路

艺术小品

三、项目总结

　　林山郡大区景观设计，跳脱出形式本身，着力于打通三个大断面的联系，用最贴切的手法营造自然优雅的生活场景，解决场地关键矛盾，充分发挥其自身特点。

郑州·万科美景世玠

项目地点：河南省郑州市

项目面积：52110m²

景观设计公司：澜道设计机构

设计团队：屠卓荃、孙瀚、吴彤、王坤、付军、孙浩、郑华峰

摄　　影：鲁斌

一、项目概述

项目原址为拥有68年历史的郑州纺织机械厂（以下简称"郑纺机"），其人文气息浓厚，曾为国家纺织工业的发展做出了不可磨灭的贡献。郑州纺织机械厂经历过的辉煌见证了郑州纺织业的发展，让它成为一代人的情感寄托，更是见证了郑州这座城市曾经的工业辉煌岁月。

1 主入口大门	11 树荫空间	21 地库出入口
2 仪式树阵步道	12 情景雕塑	22 下沉庭院
3 "时光·届"主题空间	13 组团入口景墙	23 幼儿园活动场地
4 "流尚时光"主题水景	14 原生梧桐	
5 "童年树荫"主题廊架	15 "梧桐印记"主题广场	
6 休憩空间	16 全龄儿童活动场地	
7 银杏步道	17 阳光草坪	
8 点景雕塑	18 休闲健身场地	
9 次入口对景墙	19 老人休憩活动场地	
10 次入口大门	20 宅间花园	

总平面图

二、设计理念

在一片沉寂多年的老工厂的土地上，在被忽视的新旧交织的郑州建筑群里，一座兼具历史感与现代化的建筑惊艳落成，引起人们的关注。

郑纺机留给人们的记忆是辉煌时光、郑纺机家属院、专家花园洋房、梧桐印记、时代特征等。

"历史的名片"焕然新生，郑纺机老建筑再续城市记忆，在尊重历史文脉、延续场所精神的同时，万科美景世玠以现代的手法再次创造出新的辉煌。

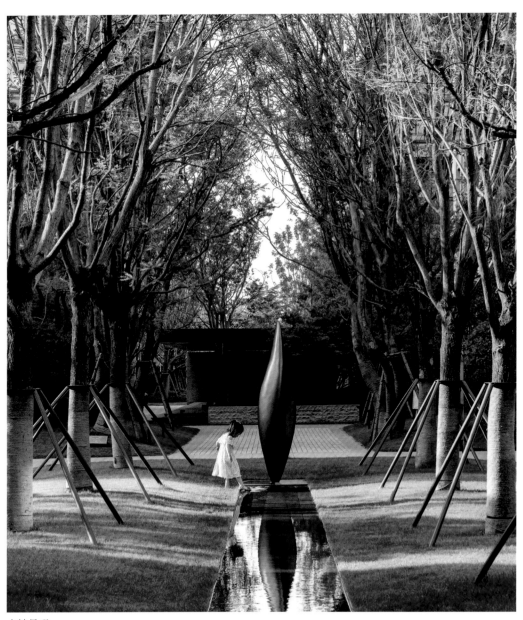

水轴景观

三、构想——尊重历史文脉，延续精神传承

1. 流淌的时光

设计方案通过一条水轴隐喻匆匆流淌的时光。水轴面积30m²，池底选用中国黑光面石材。通过雕塑和轴线的呼应关系，打造具有历史印记的景观。

水轴的尽端是一个水盘，形成一个"时钟"。时钟内共有年、月两个刻度盘，指针停留在1949年11月——郑州纺织机械厂成立，象征着场地的历史从那时开始，一直延续至今。整个场景通过银杏树阵形成仪式感极强的轴线景观。

2. 童年的树荫

设计师希望打造一个具有记忆力的场景，让每个人回忆起当年在郑纺机大院里树荫下乘凉的时光，通过廊架和阵列的乔木设置，形成光影的丰富变化。同时，整个区域成为社区的邻里中心，让每一个人在此交流，回味曾经的美好时光。

走近水轴感受流淌的时光

俯瞰水轴

廊架与陈列乔木组成的休憩庭院

廊架近景

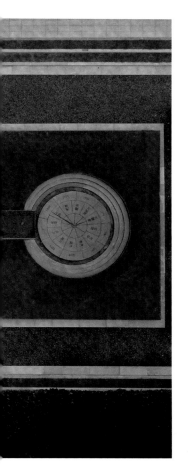

水轴尽端的复古水盘

光与影的艺术

3. 惊艳了时光

简洁现代的银杏大道结合规则的草坪轴线，形成社区主轴的仪式感。银杏落叶的美好景象打造出景观在季节中的变幻感受。

整个场景选用树龄18～19年的银杏33株，共233m²。采用银杏组团理念，以"惊艳了时光"为主题打造一条景观与场地精神共生的浪漫走道。同时，在银杏树下通过砾石和具有历史感的自然条石水景，突出整个场景的质感与年代感。

银杏大道

四、保护——梧桐林的新生

　　这里，高大雄壮的梧桐树在烈日下伸展出翠绿的"玉臂"，蓬勃向上生生不息，搭起郁郁苍苍的绿荫。设计师保留了场地原有的梧桐树作为记忆点，以岁月印记为主题打造了一条景观与场地精神共生的浪漫走道。

　　整条梧桐大道通过林荫绿地、绿坡景墙、主题雕塑、组团景墙以及活动场地的设置，形成社区内部一条具有生活场景与历史感的主题轴线。

鸟瞰梧桐场地

场地中保留的大树

林下空间

五、家园——漫步在归家之路

设计师从社区入口开始就注重打造人车分流的归家动线，将人行进入空间与车行地库进行分隔，提升居民进入社区的尊贵体验。

设计师将社区人群在归家途中所经过的中轴、组团、入户等空间进行合理规划与打造，将细节与空间、曾经的情怀与现在的生活相融合，回忆场地过去，展望未来生活。

打造一条社区内开放的、静谧的公园式活动空间。在景观形式上通过线形的步道、整形阵列植物的造景，形成现代、安静的活动空间，同时结合活动与休憩平台，为居民提供停留、休憩、活动的场地与空间。

社区入口

休憩场所

节点空间

归家途中的休憩空间

宅间景观鸟瞰

开放、静谧的公园式活动空间

儿童游乐设施

六、细节——也是对历史的传承

　　设计的细节体现在对郑纺机历史的回顾，体现在梧桐大道的重生，体现在材料运用上的冲突与对比。

　　这些细节的表现也是对场地历史最好的传承。

　　赋予产品生命与情感，追忆生活感悟，直击灵魂。

　　回忆、现在、未来，终归是延续着某种精神上的传承……

趣味铺装

水景墙

万科南方区域深圳万科·天琴湾

项目地点：广东省深圳市

项目面积：41425m²

业主单位：深圳市富春东方房地产开发有限公司

景观设计公司：GND 杰地景观

设计团队：丘戈、李冰、钟永成、周江、张灿杰、曾凤玲、陈臣

景观施工图：GND 杰地景观

景观施工单位：广州普邦园林股份有限公司

建筑施工图设计：深圳市天华建筑设计有限公司

展示区室内设计：ENJOYDESIGN

摄　　影：日野摄影

一、项目概述

　　万科·天琴湾滨海别墅位于国际滨海旅游度假区——大小梅沙中央半岛之上，饱览270°山、海、湾、城全景观环抱的极致风光，5级观景长廊，精心打造长达2.3km的海岸线。直升机停机坪、大梅沙游艇会、云海谷高尔夫球会、喜来登酒店群等全海域商务资源环绕，演绎独一无二的高端生活方式。

接待中心鸟瞰

二、项目解读

1. 思考与策略

万科·天琴湾，在自然之上，与城市接轨，拥有城市与自然的两大基因。设计者在

项目区位

本次景观改造中从生活的真实感知与体验出发，以适地性与特色性、过程性与低干预、抽象性与艺术性设计理念为指导，尊重原场地的生态系统与气质，延续品牌精神，结合地域特色，将大自然最质朴的馈赠融入人居生活，营造出"自然美、人文美、意境美"的景观空间。

2. 延续与重塑

（1）**尊重场地特征**　设计以延续和保护场地语言为基础，以地势地貌为依托，打造层次丰富的竖向景观，重塑城市与自然、生活、人之间的相互关系。

（2）**改善生态环境**　通过补植绿篱、更换地被、清理杂木、边坡加固与美化等措施，保护修复区域生态系统。使人居环境和自然环境有机融合，共同发展，构筑天人合一的和谐生境。

（3）**空间场景营造**　尊重场地和自然的秩序，以朴实简洁的设计语言体现自然景观和实用功能的完美结合。自然与人文的交融、建筑与环境的契合，营造独具山海特色的景观空间与独特场景记忆。

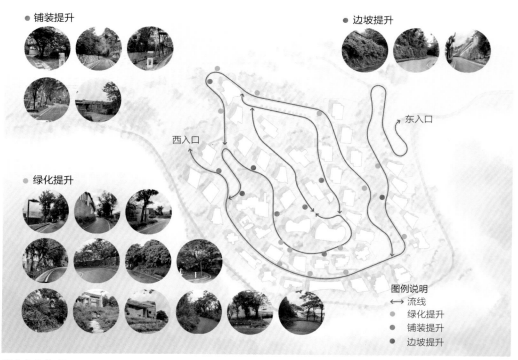

提升节点梳理

现状问题:

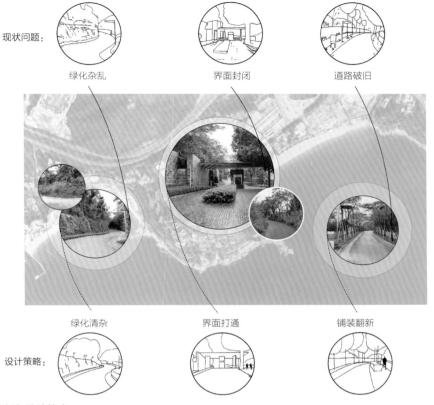

绿化杂乱　　　　　　　界面封闭　　　　　　　道路破旧

绿化清杂　　　　　　　界面打通　　　　　　　铺装翻新

设计策略:

现状分析与设计策略

01　西入口
02　别墅道路
03　转角节点
04　接待中心入口
05　接待中心
06　景观节点
07　待售别墅
08　东入口
09　小梅沙海域
10　大梅沙海域

总平面图

三、设计呈现

1. 序列与光影

　　入口形象是来访者对园区景观的第一印象,是整个项目的焦点。设计师将设计拓展至市政绿化以维持空间的整体感,利用入口高差关系形成层次丰富的景观体验,吸引人们自然地进入园区中,享受放慢脚步的奇妙感受。

　　设计师将门廊隐于树后,门廊与原生大树之间形成框景,如同一幅画卷,延续了空间的原始之美。纯粹却极富表现力的原始材料,构成了一种艺术张力,呈现出极致工艺与原生质感的完美融合,这进一步回应了设计的最初理念。

西入口门廊

西入口门廊细节,与自然共生

西入口鸟瞰

西入口

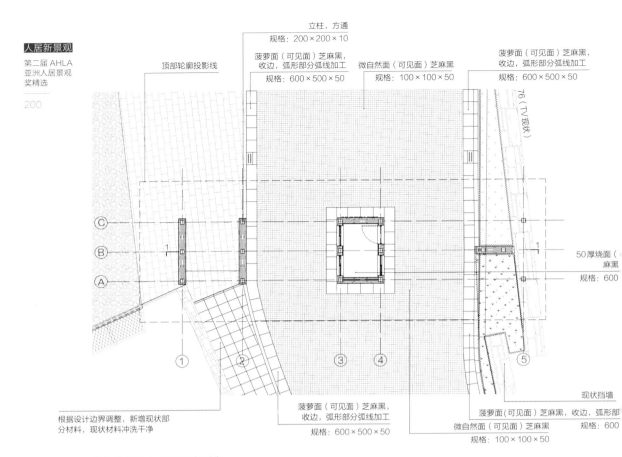

立柱，方通
规格：200×200×10

菠萝面（可见面）芝麻黑，
收边，弧形部分弧线加工
规格：600×500×50

微自然面（可见面）芝麻黑
规格：100×100×50

菠萝面（可见面）芝麻黑，
收边，弧形部分弧线加工
规格：600×500×50

顶部轮廓投影线

76（TV现状）

50厚烧面（
麻黑
规格：600

现状挡墙

根据设计边界调整，新增现状部
分材料，现状材料冲洗干净

菠萝面（可见面）芝麻黑，
收边，弧形部分弧线加工
规格：600×500×50

菠萝面（可见面）芝麻黑，收边，弧形部
微自然面（可见面）芝麻黑
规格：600

微自然面（可见面）芝麻黑
规格：100×100×50

西入口门廊及其周边平面图

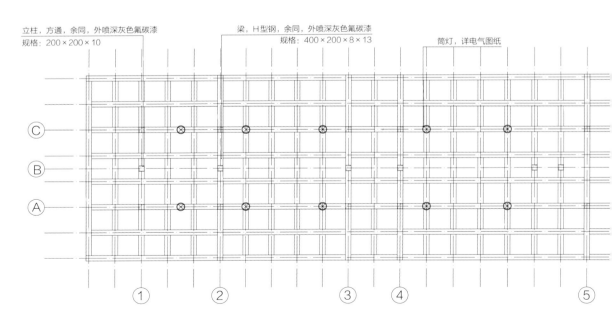

立柱，方通，余同，外喷深灰色氟碳漆
规格：200×200×10

梁，H型钢，余同，外喷深灰色氟碳漆
规格：400×200×8×13

筒灯，详电气图纸

西入口门廊梁平面图

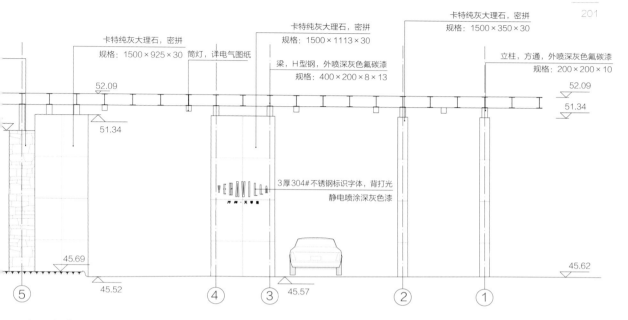

卡特纯灰大理石，密拼
规格：1500×925×30　筒灯，详电气图纸

卡特纯灰大理石，密拼
规格：1500×1113×30

梁，H型钢，外喷深灰色氟碳漆
规格：400×200×8×13

卡特纯灰大理石，密拼
规格：1500×350×30

立柱，方通，外喷深灰色氟碳漆
规格：200×200×10

3厚304#不锈钢标识字体，背打光
静电喷涂深灰色漆

52.09
51.34

52.09
51.34

51.34

45.69
45.52

45.57

45.62

⑤　④　③　②　①

西入口门廊立面图一

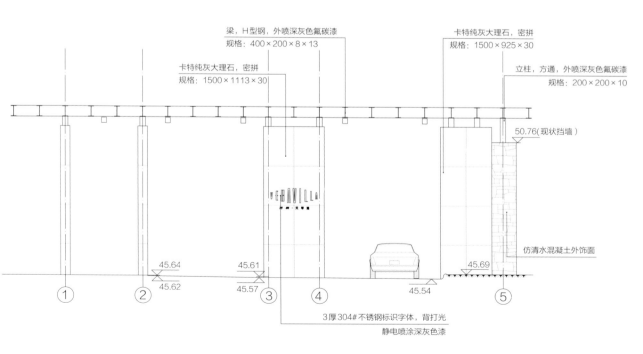

梁，H型钢，外喷深灰色氟碳漆
规格：400×200×8×13

卡特纯灰大理石，密拼
规格：1500×1113×30

卡特纯灰大理石，密拼
规格：1500×925×30

立柱，方通，外喷深灰色氟碳漆
规格：200×200×10

50.76(现状挡墙)

仿清水混凝土外饰面

45.64
45.62

45.61
45.57

45.69
45.54

3厚304#不锈钢标识字体，背打光
静电喷涂深灰色漆

①　②　③　④　⑤

西入口门廊立面图二

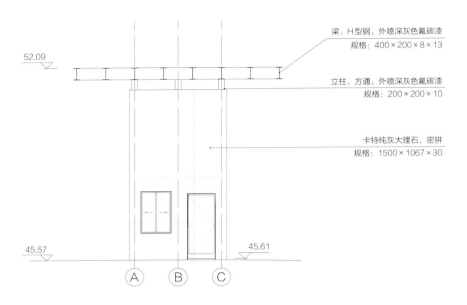

梁，H型钢，外喷深灰色氟碳漆
规格：400×200×8×13

立柱，方通，外喷深灰色氟碳漆
规格：200×200×10

卡特纯灰大理石，密拼
规格：1500×1067×30

52.09

45.57   45.61

Ⓐ   Ⓑ   Ⓒ

西入口门廊立面图三

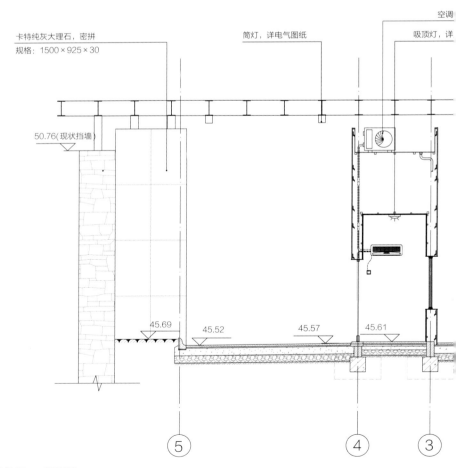

卡特纯灰大理石，密拼
规格：1500×925×30

筒灯，详电气图纸

空调

吸顶灯，详

50.76(现状挡墙)

45.69   45.52   45.57   45.61

⑤   ④   ③

西入口门廊1-1剖面图

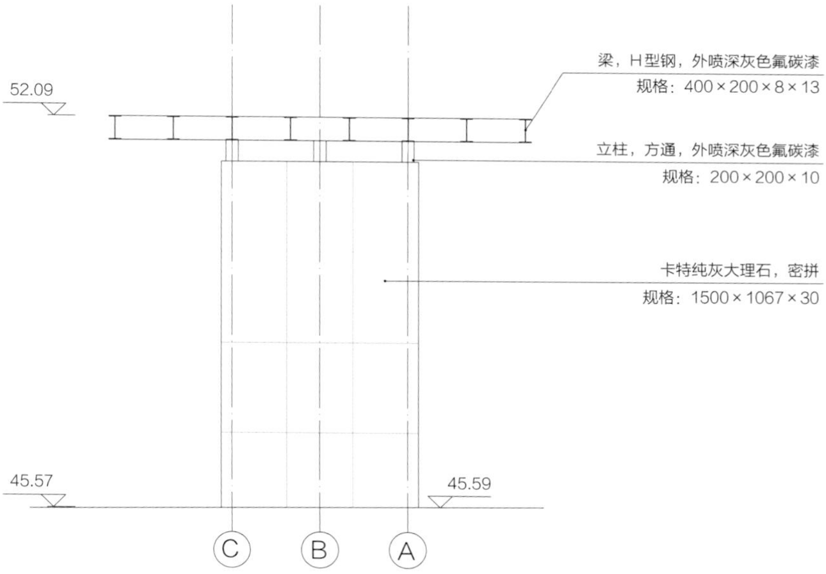
梁，H型钢，外喷深灰色氟碳漆
规格：400×200×8×13
52.09
立柱，方通，外喷深灰色氟碳漆
规格：200×200×10
卡特纯灰大理石，密拼
规格：1500×1067×30
45.57
45.59
C
B
A

西入口门廊立面图四

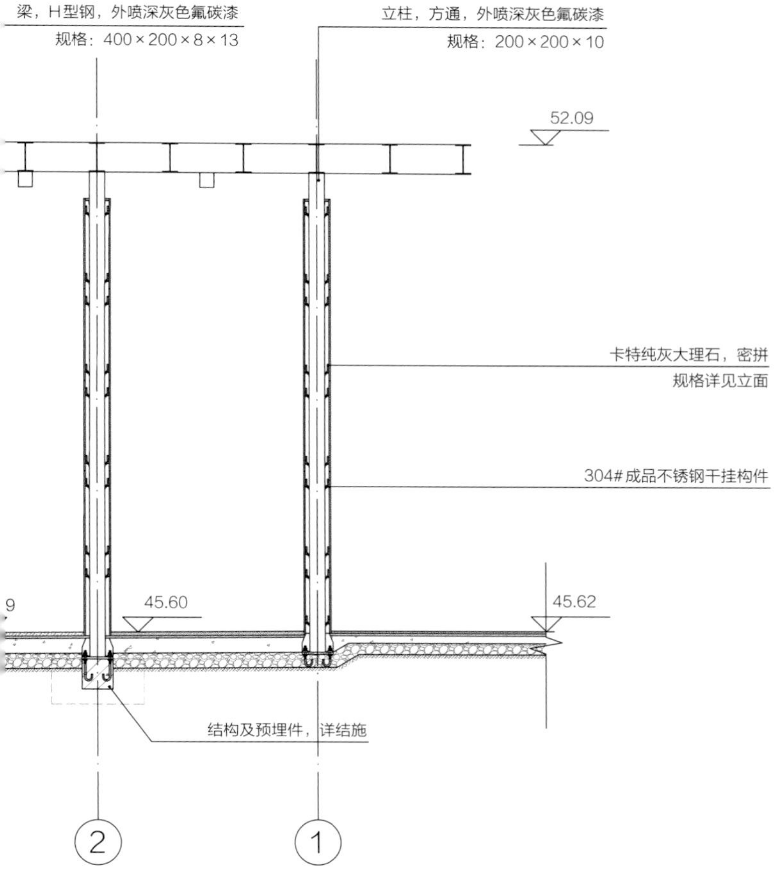
梁，H型钢，外喷深灰色氟碳漆
规格：400×200×8×13
立柱，方通，外喷深灰色氟碳漆
规格：200×200×10
52.09
卡特纯灰大理石，密拼
规格详见立面
304#成品不锈钢干挂构件
9
45.60
45.62
结构及预埋件，详结施
2
1

2. 体验与互动

正如皮特·奥多夫所说："或许我们不必费尽心思地装饰自然，不必刻意逃避花的凋零和枯萎，因为最本真的自然变化就是一种惊心动魄的美。"

为保护并突出周边的自然原生景观，设计师尽量避免大规模的建设与开发，通过前期调研梳理出了场地的特征、区域环境提升点。道路部分从场景再造、功能补入、景观延伸入手，使建筑与道路以及场地环境融为一体。

在景观动线设计上，通过流线的组织、视线的引导和空间的转换，创造出平视、仰视、俯视等不同观赏视角，打造出一系列独特的景观场景，增强空间体验感与互动性，让归家成为一种享受。

别墅区道路一

别墅区道路一侧视野开阔

别墅车行入口

砾石排水沟　灰色PC透水砖

别墅区道路二

别墅区道路节点

休憩观景平台（接待中心俯瞰视角）

别墅入口

别墅次入口

车行道路一

车行道路二

3. 自然与艺术

展示区景观设计延续了建筑的形态和神韵，尽可能减少装饰性的语言，而是让原生树木、灵动变幻的光影、山海风光等自然元素成为空间的主角。开敞与动态的空间布局形成通透、连续的视觉体验，展现出极简的艺术风格。同时注意形式、材料、色彩、质感，尊重场地环境与区域风貌协调。

在林下散步，观景坐凳提供了一个安静的地方，人们可在此停留观山看海。

主景节点结合建筑的色彩、形式以及特色，将景观、建筑和自然串联。孤植点景大树创造出一个环绕式空间，呈现出自然律动之美。

潋滟镜面水景，传达出深邃而流畅的灵动之美。同时，水景柔化了建筑原本生硬的立面，使建筑和景观相辅相成。

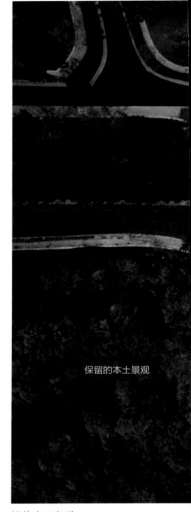

保留的本土景观

接待中心鸟瞰

接待中心

接待中心入口

观景平台

景观坐凳

接待中心

镜面水景

门廊

入口

停车场

观景平台

接待中心入口细节

接待中心入口夜景

观景平台与景观坐凳

接待中心镜面水景

镜面水景细节

镜面水景与观景平台

灯光效果

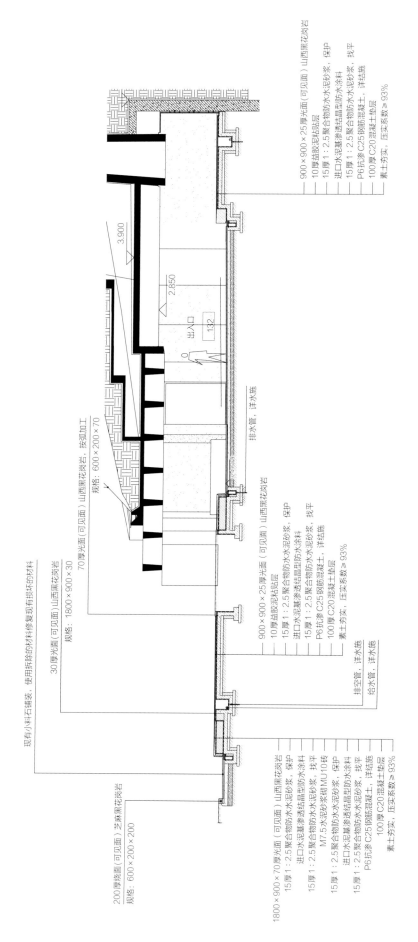

现有小料石铺装，使用拆除的材料修复现有损坏的材料

30厚光面（可见面）山西黑花岗岩

70厚光面（可见面）山西黑花岗岩，按弧加工
规格：600×200×70

规格：1800×900×30

3.900

2.850

出入口

132

排水管，详水施

900×900×25厚光面（可见面）山西黑花岗岩贴层
10厚益胶泥粘贴层
15厚1：2.5聚合物防水水泥砂浆，保护
进口水泥基渗透结晶型防水涂料
15厚1：2.5聚合物防水水泥砂浆，找平
P6抗渗C25钢筋混凝土，详结施
100厚C20混凝土垫层
素土夯实，压实系数≥93%

900×900×25厚光面（可见面）山西黑花岗岩贴层
10厚益胶泥粘贴层
15厚1：2.5聚合物防水水泥砂浆，保护
进口水泥基渗透结晶型防水涂料
15厚1：2.5聚合物防水水泥砂浆，找平
P6抗渗C25钢筋混凝土，详结施
100厚C20混凝土垫层
素土夯实，压实系数≥93%

排空管，详水施
给水管，详水施

200厚烧面（可见面）芝麻黑花岗岩
规格：600×200×200

1800×900×70厚光面（可见面）山西黑花岗岩
15厚1：2.5聚合物防水水泥砂浆，保护
进口水泥基渗透结晶型防水涂料
15厚1：2.5聚合物防水水泥砂浆，找平
M7.5水泥砂浆砌MU10砖
15厚1：2.5聚合物防水水泥砂浆，保护
进口水泥基渗透结晶型防水涂料
15厚1：2.5聚合物防水水泥砂浆，找平
P6抗渗C25钢筋混凝土，详结施
100厚C20混凝土垫层
素土夯实，压实系数≥93%

接待中心水景剖面图

4. 节能与生态

　　照明系统可以通过在一天中改变色温来实现昼夜变化，避免光直射，节能低耗，营造低碳生态社区。

　　亲近自然的设计鼓励好奇心、参与度、生物多样性和栖息地恢复。植物生命被用来构建和塑造人类体验，延长整个季节的视觉趣味。此次软景营造立足在地特性，延续天琴湾特有的生态系统，胸径15cm以上的原生植物均被保留，同时引入多种芳香植物、数十种各色观赏植物，打造生态级豪宅的景观调性。

西入口夜景

接待中心标识

道路标识

建筑与植物

生态景观

本次景观提升的主要目标是最大限度地提高空间质量、生态环境及可持续性。在景观提升设计后，设计与自然景观融为一体，形成了强健的绿色生态框架。这个绿色生态框架由一系列不同的景观要素构成——森林、海景等自然景观。休闲区域和道路等现有基础设施都得到了优化，同时增设了全新的景观节点。这些元素的整合让居者的出行体验得到大幅度提升，同时还具有重要的生态功能。

大梅沙海域　大梅沙海滨公园　大梅沙湾游艇会　深圳大梅沙京基洲际度假酒店　东部华侨城主题公园　马峦山郊野公园

整体鸟瞰

小梅沙海域　群山　盐田港　海滨长廊

接待中心

镜面水景

接待中心鸟瞰

宁波绿城凤起潮鸣

项目地点：宁波东部新城
项目面积：约 47213m²
景观设计公司：上海以和景观设计有限公司
设计团队：方仲伯、董政杰、何珍、邱康、曹文文、喻俊、
　　　　　曹琪琪、李琦、陈洁琼、商静、沈文斌
项目摄影：NatureSpace 然也空间

一、场地概况

  项目场地位于宁波东部新城，毗邻宁波市政府，东近城市生态长廊，西近会展中心，四周遍布绿色公共景观空间以及体育、文化、休闲设施。场地周边有多条城市主干道以及地铁等公共交通，整体区位优势明显，具有一定发展潜力。

中轴线鸟瞰

二、设计理念与特色

设计师对于这样一个放眼国际视野的项目，摒弃了单从构图、造景出发的常规手法，提出了一个全新的设计理念——"重塑、融合"，将西方的现代极简美学画作与东方山水墨画中的意境相结合，透过现代的设计手法来打造宁波凤起潮鸣的景观空间。

总平面图

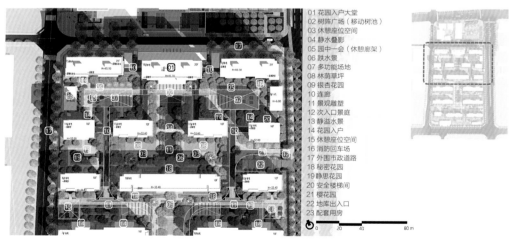

01 花园入户大堂
02 树阵广场（移动树池）
03 休憩座位空间
04 静水叠影
05 园中一会（休憩廊架）
06 跌水景
07 多功能场地
08 林荫草坪
09 银杏花园
10 连廊
11 景观雕塑
12 次入口景庭
13 静溢水景
14 花园入户
15 休憩座位空间
16 消防回车场
17 外围市政道路
18 秘密花园
19 静思花园
20 安全楼梯间
21 樱花园
22 地库出入口
23 配套用房

平面详图一

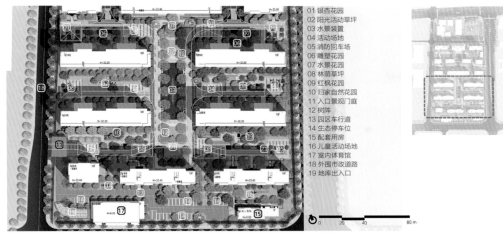

01 银杏花园
02 阳光活动草坪
03 水景装置
04 活动场地
05 消防回车场
06 雕塑花园
07 水景花园
08 林荫草坪
09 红枫花园
10 归家自然花园
11 入口景观门庭
12 树阵
13 园区车行道
14 生态停车位
15 配套用房
16 儿童活动场地
17 室内体育馆
18 外围市政道路
19 地库出入口

平面详图二

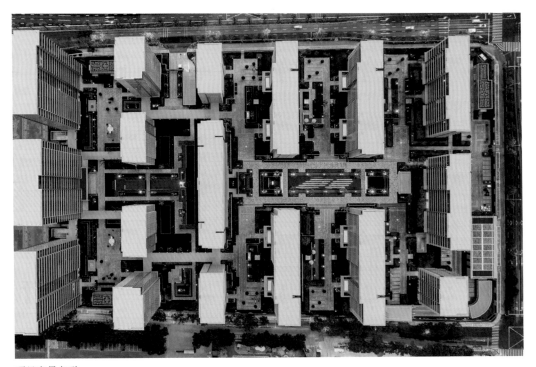

项目实景鸟瞰

　　设计师将简单的几何形体通过空间尺度、比例关系、软硬景对比、色系等组合而达到一种整体的平衡。这种平衡是动态的，而不是静止的，空间一直随着时间在与人互动。软硬景有机地组合在一起，传达出一种空间的和谐状态，但这个和谐的空间却又吸引人们进入其中，启发想象的可能，让人融入并成为空间中和谐状态的一部分。

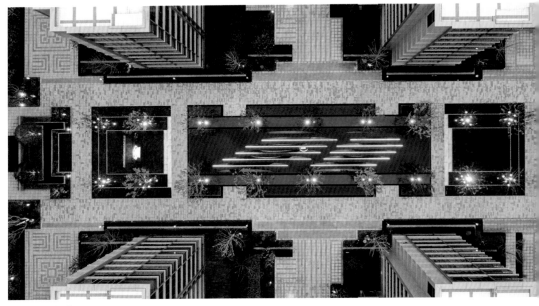

跃水花园鸟瞰

三、详细设计与措施

　　品质的传达往往体现在细节的雕琢，而细节往往是最容易被忽视却又极其重要的环节。在这次"凤起潮鸣"的打造过程中，大到空间尺度，小至台阶导水槽，处处都展现了设计师对这座城市以及对宁波人的诚意。所到之处都在讲述着一段对"山茶花"的联想。

　　住宅区中，消防扑救面及人行动线铺装在整个空间中占有很大比例。在铺装整体设计中，既要弱化大面硬质材料对空间感受的冲击，又要体现艺术的演绎，因此设计师决定延续景观的线性表达。铺装整体构图灵感来自荷兰画家蒙德里安的几何抽象画作。简洁的线条产生线性的引导，深浅交错的线条在视觉上弱化了大尺度的空间感觉，抽象的山茶花印落在每一个消防扑救场地，呈现出一幅艺术化的作品。

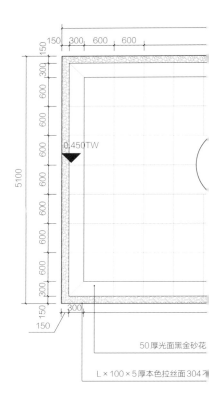

50厚光面黑金砂花

L×100×5厚本色拉丝面304不

主入口水景平面图

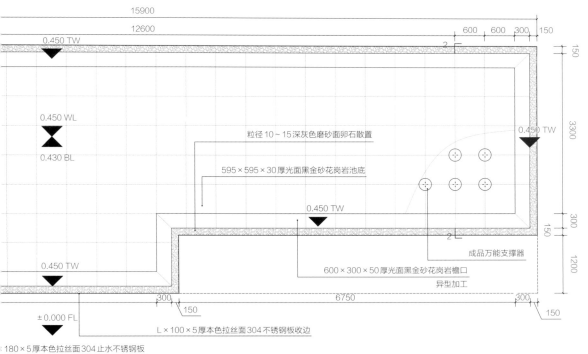

粒径10~15深灰色磨砂面卵石散置

595×595×30厚光面黑金砂花岗岩池底

0.450 TW

成品万能支撑器

600×300×50厚光面黑金砂花岗岩檐口
异型加工

L×100×5厚本色拉丝面304不锈钢板收边

180×5厚本色拉丝面304止水不锈钢板
与钢混一体浇筑

0.450 TW
0.450 WL
0.430 BL
0.450 TW
0.450 TW
0.450 TW
±0.000 FL

15900
12600
600 600 300 150
150
3300
150
300
1200
150
300 150
6750
300
150

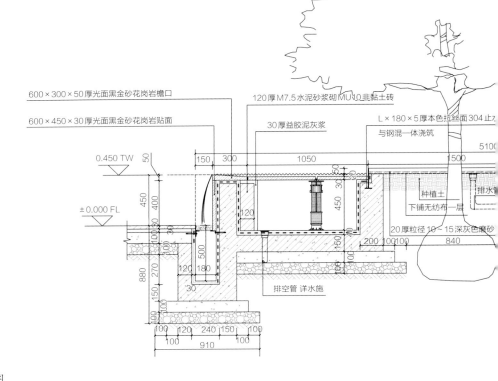

600×300×50厚光面黑金砂花岗岩檐口

600×450×30厚光面黑金砂花岗岩贴面

120厚 M7.5水泥砂浆砌MU10非黏土砖

30厚益胶泥灰浆

L×180×5厚本色拉丝面304止水

与钢混一体浇筑

5100

0.450 TW

± 0.000 FL

种植土

下铺无纺布一层

排水管

20厚粒径10~15深灰色砂

排空管 详水施

主入口水景1-1剖面图

595×595×30厚光面黑金砂花岗岩池底

万能支撑器

20厚1：2.5水泥砂浆保护层内掺5%防水粉

1.5厚聚氨酯防水涂膜，刷三遍

20厚1：2.5水泥砂浆保护层内掺5%防水粉

150厚 C25抗渗钢筋混凝土(P6)内置 Φ10@200

100厚 C15混凝土垫层

100厚级配碎石垫层

素土夯实，夯实系数≥94%

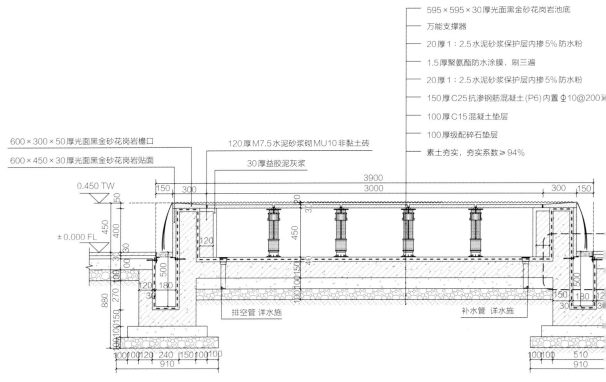

600×300×50厚光面黑金砂花岗岩檐口

600×450×30厚光面黑金砂花岗岩贴面

120厚 M7.5水泥砂浆砌MU10非黏土砖

30厚益胶泥灰浆

0.450 TW

± 0.000 FL

排空管 详水施

补水管 详水施

主入口水景2-2剖面图

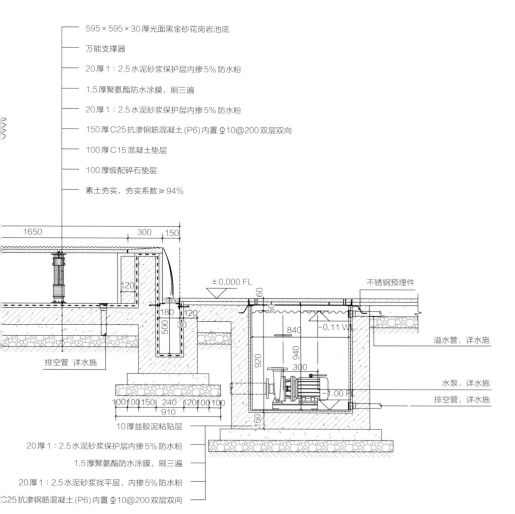

595×595×30厚光面黑金砂花岗岩池底

万能支撑器

20厚1：2.5水泥砂浆保护层内掺5%防水粉

1.5厚聚氨酯防水涂膜，刷三遍

20厚1：2.5水泥砂浆保护层内掺5%防水粉

150厚C25抗渗钢筋混凝土(P6)内置 φ10@200双层双向

100厚C15混凝土垫层

100厚级配碎石垫层

素土夯实，夯实系数≥94%

1650   300   150

± 0.000 FL

不锈钢预埋件

120

60

180   120

500   30

-0.11 W

溢水管，详水施

排空管 详水施

840

920   940

300

150

水泵，详水施

-1.00 FL

排空管，详水施

100 100 150 240 120 100 100
910

10厚益胶泥粘贴层

20厚1：2.5水泥砂浆保护层内掺5%防水粉

1.5厚聚氨酯防水涂膜，刷三遍

20厚1：2.5水泥砂浆找平层，内掺5%防水粉

C25抗渗钢筋混凝土(P6)内置 φ10@200双层双向

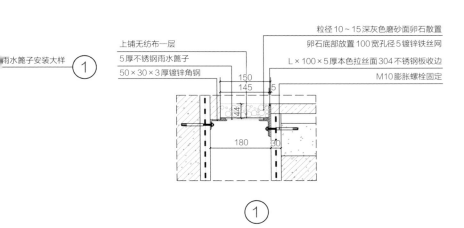

雨水篦子安装大样 ①

上铺无纺布一层

5厚不锈钢雨水篦子

50×30×3厚镀锌角钢

粒径10～15深灰色磨砂面卵石散置

卵石底部放置100宽孔径5镀锌铁丝网

L×100×5厚本色拉丝面304不锈钢板收边

M10膨胀螺栓固定

150

145   5

44

180   30

①

园区中两大核心组团都以水景的形式拉开序幕。穿过北侧大堂门庭的书香，映入眼帘的是对称层层抬升的欢迎水景，两侧是枝干婀娜的丛生乌桕列植迎礼，季相分明。随着视线的推移，末端和水光一起浮动的是以"山茶花"造型抽象演变而来的艺术雕塑。镜面的质感与水体相得益彰，香槟色的飘带更是增加了一抹灵气。

雕塑细节

跃水花园秋景

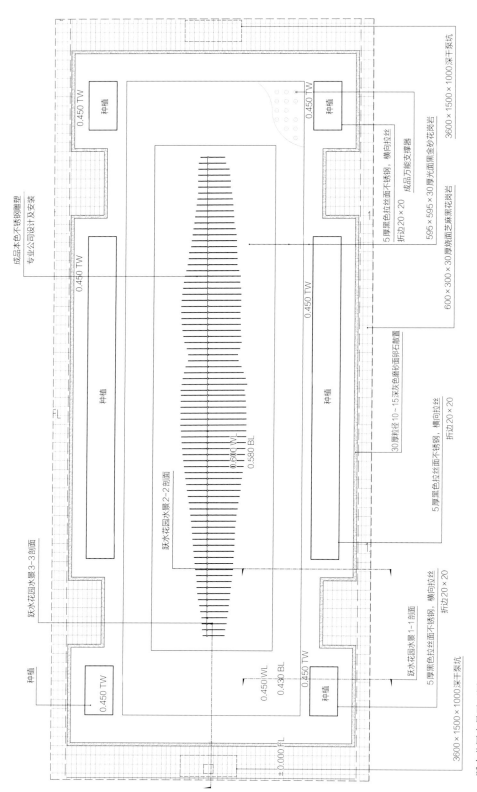

成品本色不锈钢雕塑
专业公司设计及安装

0.450 TW

0.450 TW

0.450 TW

0.600 WL
0.580 BL

跃水花园水景 2-2 剖面

跃水花园水景 3-3 剖面

5 厚黑色拉丝面不锈钢，横向拉丝
折边 20×20

跃水花园水景 1-1 剖面

0.450 WL
0.430 BL
0.450 TW

种植

0.450 TW

0.000 FL

5 厚黑色拉丝面不锈钢，横向拉丝
折边 20×20

3600×1500×1000 深干泵坑

5 厚黑色拉丝面不锈钢，横向拉丝
折边 20×20
成品万能支撑器
595×595×30 厚光面黑金砂花岗岩

600×300×30 厚烧面芝麻黑花岗岩

3600×1500×1000 深干泵坑

30 厚粒径 10～15 深灰色磨砂面卵石散置

5 厚黑色拉丝面不锈钢，横向拉丝
折边 20×20

3600×1500×1000 深干泵坑

跃水花园水景平面图

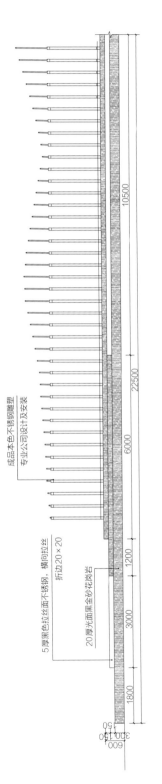

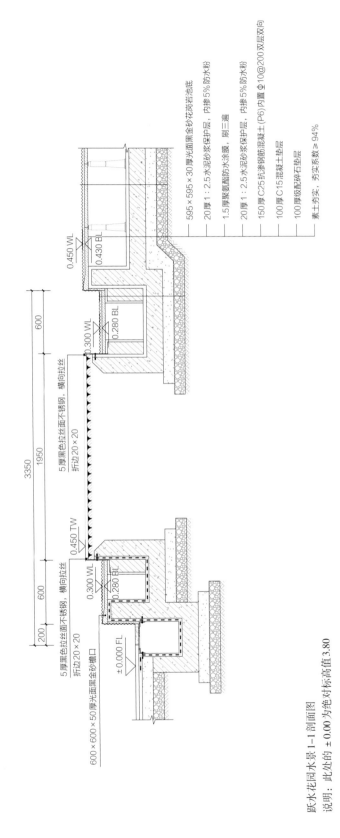

成品本色不锈钢雕塑
专业公司设计及安装

5厚黑色拉丝面不锈钢，横向拉丝
折边20×20

20厚光面黑金砂花岗岩

跃水花园水景立面图

595×595×30厚光面黑金砂花岗岩池底
20厚1：2.5水泥砂浆保护层，内掺5%防水粉
1.5厚聚氨酯防水涂膜，刷三遍
20厚1：2.5水泥砂浆保护层，内掺5%防水粉
150厚C25抗渗钢筋混凝土(P6)内置Φ10@200双层双向
100厚C15混凝土垫层
100厚级配碎石垫层
素土夯实，夯实系数≥94%

5厚黑色拉丝面不锈钢，横向拉丝
折边20×20

5厚黑色拉丝面不锈钢，横向拉丝
折边20×20

600×600×50厚光面黑金砂檐口

跃水花园水景 1-1 剖面图
说明：此处的±0.00 为绝对标高值3.80

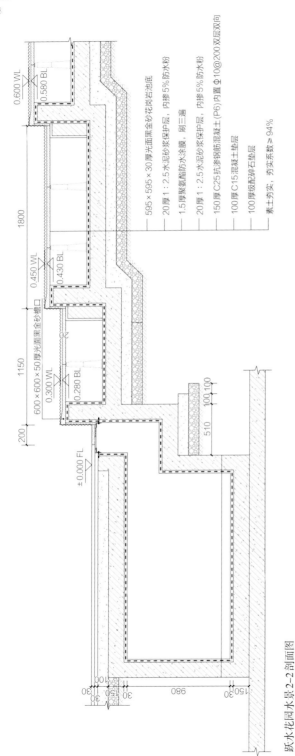

595×595×30厚光面黑金砂花岗岩池底
20厚1:2.5水泥砂浆保护层，内掺5%防水粉
1.5厚聚氨酯防水涂膜，刷三遍
20厚1:2.5水泥砂浆保护层，内掺5%防水粉
150厚C25抗渗钢筋混凝土(P6)内置Φ10@200双层双向
100厚C15混凝土垫层
100厚级配碎石垫层
素土夯实，夯实系数≥94%

跃水花园水景2-2剖面图

595×595×30厚光面黑金砂花岗岩池底
20厚1:2.5水泥砂浆保护层，内掺5%防水粉
1.5厚聚氨酯防水涂膜，刷三遍
20厚1:2.5水泥砂浆保护层，内掺5%防水粉
150厚C25抗渗钢筋混凝土(P6)内置Φ10@200双层双向
100厚C15混凝土垫层
100厚级配碎石垫层
素土夯实，夯实系数≥94%

跃水花园水景3-3剖面图

南侧核心水景的设计灵感来自唐诗《春江花月夜》。长100m、宽20m的巨幅镜水卷，韵律起伏的潮水，虚实结合的镜面月环，完美呈现了"明月共潮生"这一美好画面。

跌水花园艺术装置细节

跌水花园艺术装置

跌水花园

设计师与业主和雕塑公司多次沟通、探讨雕塑的落位、造型以及材质的选择，最终完成五组艺术品。它们都与"凤起潮鸣"有着千丝万缕的联系，无论是质感还是造型，抑或是与景观的完美融合，都体现出设计师在细枝末节处对艺术的雕琢。

设计师摒弃了以往丰富的植物组团层次，在这一次的植物整体打造策略上，重上层乔木和底层地被的层次，轻中层，整体上呈现出更为简洁明快的效果。设计师前期不断探讨研究植物的疗愈功能，在居民经常出现的停留节点和宅间活动组团种植合欢、些微等主题乔木。为了匹配"凤起潮鸣"的设计定位，在主要节点用到了罗汉松、特选樱花、丛生乌桕等名贵树种，彰显出整个小区的高贵调性。

主入口水景

风雨连廊

风雨连廊端景

美学展示类

重庆新希望 D10 天际

重庆香港置地招商蛇口·上景臺

重庆华润·半山悦景

东莞中海·松湖璟尚

西安中海·寰宇天下

昆明美的·北京路 9 号

重庆新希望 D10 天际

项目地点：重庆杨家坪
项目面积：约 7235 m²
景观设计公司：重庆蓝调城市景观规划设计有限公司
开发商：重庆耕渝房地产开发有限公司
甲方新希望创作团队成员：张继、吕昭玮、邹敏、唐静、吴东霖、
　　　　　　　　　　　　吴颂、钟廷富、邱行、周瑜、钟滢、
　　　　　　　　　　　　罗阳
景观施工图：重庆蓝调城市景观规划设计有限公司设计一院
景观施工单位：重庆罗瀚生态环境建设有限公司
建筑方案设计：上海帝奥建筑设计有限公司
艺术幕墙设计：重庆言瓷映画
摄　　　影：xf photography、三棱镜

一、项目概述

　　重庆作为中西部唯一的直辖市，城市外拓。九龙半岛以未来副中心为标准规划建设，因码头文化而兴的九龙坡区再度显山露水，而杨家坪是其最核心且最具潜力之地。河山交织，烟火繁盛，在审视过时间的长江岸边，在获选2020年重庆最美十条正街之一的百年黄葛树正街，毗邻蕴含艺术文化气息的四川美术学院（黄桷坪校区），新希望D10天际将掀开一场全新的生活方式范本，打造城市新地标中心。

二、设计理念与特色

1. 新希望顶级"天"系产品，为山城献礼一座 D10 天际

　　在重庆，这座拥有鳞次栉比的高楼群像，叠加时间与空间，融合在地性与国际化的大城，这一次，"造物主"手中的奥秘——斐波那契数列的神奇语言，再次倾注于新希望D10天际。

2. 百城寻址，寻一城烟火，续一代记忆

　　2018年成都D10天府一经问世，便成为一座城的居住符号。耀眼绽放的莲花建筑，立体生长的空间与曲线，形成新希望D10"天"系瞩目的斐波那契风格。

　　潜心三载，承接成都东大街的光芒进驻重庆杨家坪，新希望D10天际不只是D10基因的延续，更是产品的迭代与蜕变。一块土地仅一栋楼，约18.7亩（1亩 ≈ 666.67m²）只"生长"一栋房子，敬献让时代铭记的地标级城市居所。

峡谷式会所，流动的诗意

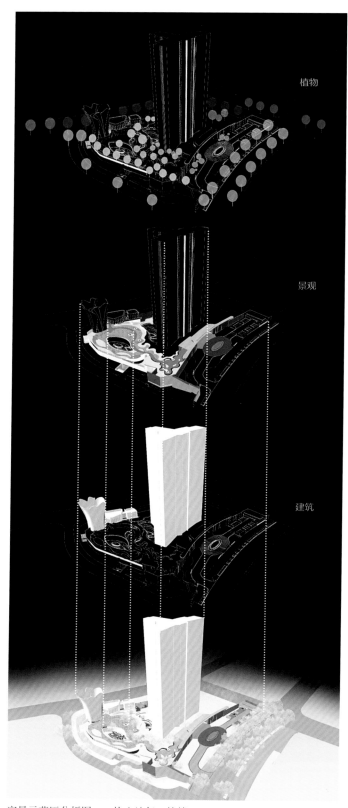

植物

景观

建筑

实景示范区分析图：一块土地仅一栋楼

三、详细设计与措施

百里长滩、艺术半岛、玉兰香颂、卓世之姿，是城市与居所的共鸣。以白玉兰的高洁献礼重庆，为一座城绽放D10的唯一与耀眼。

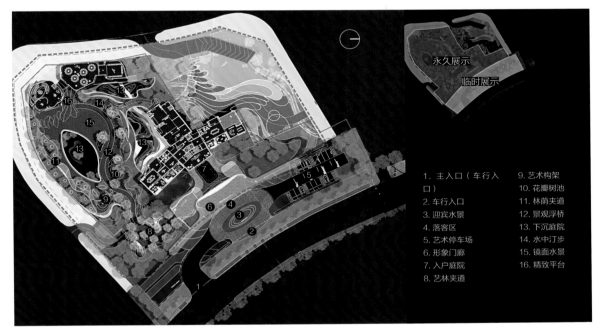

永久展示

临时展示

1. 主入口（车行入口）
2. 车行入口
3. 迎宾水景
4. 落客区
5. 艺术停车场
6. 形象门廊
7. 入户庭院
8. 艺林夹道
9. 艺术构架
10. 花瓣树池
11. 林荫夹道
12. 景观浮桥
13. 下沉庭院
14. 水中汀步
15. 镜面水景
16. 精致平台

设计总平面图

1. 璀璨龙门，耀世而来

● 前场

一眼惊艳的璀璨中心，以耀世登场之姿坐落于百年文蕴的黄葛树正街。典藏级118m展幅8.8m高的未来城市封面，定制安曼灰大理石弧形板以缎带优雅呈现。

第一眼的震撼与惊艳

● 序起——鱼耀龙门

近3万张鳞片鳞次栉比地隐现白玉兰图案，浑然呈现奢华宏伟的仪式感。光线接触材质，映照光辉，让整个空间变成一件承载时光的艺术品。

藏风聚气的风泉水盘，致敬纪梵希名表盘的工艺设计，将时间掌控于手中，让流水象征永恒的憧憬与向往，营造高奢定制的酒店式落客体验。

在夕阳与夜色交替时，优雅而震撼

参数化设计的背景钢板，不同角度的
鳞片在光的照耀下摇曳

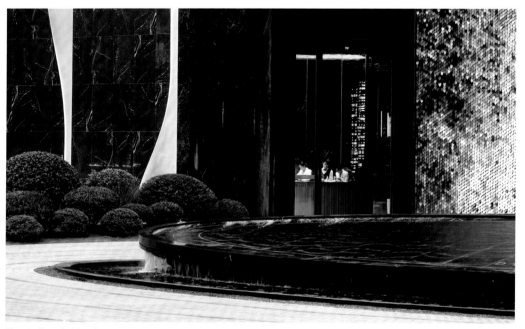

精工细作，定制的高雅

2. 绿洲秀场，水光玉洁

● **中场**

致敬九龙坡百里长滩的滨水文化，透过树影与石趣、水境与花韵的艺术氛围，着眼于立面层次与精致细节营造都市绿洲，酝酿一场隐匿城市特质的心灵之旅。

满目皆是绿意

● **承接——曲水林霞**

一片似不惹尘埃的乌桕林，将生活还给自然。电光火石一瞬间，如入萤火之森。香径曼妙而幽深，弧形花池亦友亦伴，与白玉兰雕塑对谈艺术创作的平和心境。

曲径通幽，雾气缭绕

"玉兰花"绽放，蕴含生活的热情

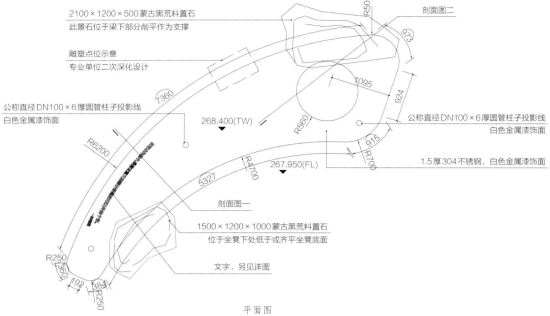

2100×1200×500蒙古黑荒料置石
此景石位于梁下部分削平作为支撑

剖面图二

雕塑点位示意
专业单位二次深化设计

公称直径DN100×6厚圆管柱子投影线
白色金属漆饰面

268.400(TW)

公称直径DN100×6厚圆管柱子投影线
白色金属漆饰面

267.950(FL)

1.5厚304不锈钢，白色金属漆饰面

剖面图一

1500×1200×1000蒙古黑荒料置石
位于坐凳下处低于或齐平坐凳底面

文字，另见详图

平面图

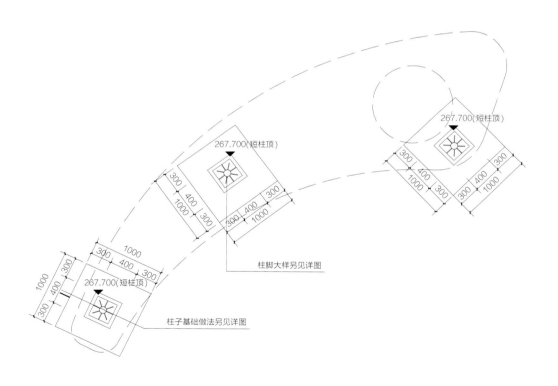

267.700(短柱顶)

267.700(短柱顶)

267.700(短柱顶)

柱脚大样另见详图

柱子基础做法另见详图

基础平面图

异型坐凳详图

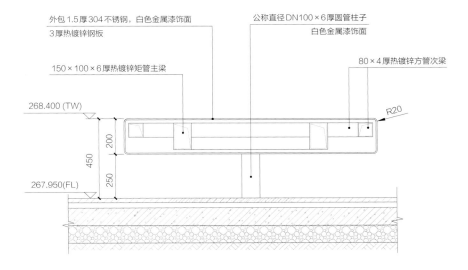

外包1.5厚304不锈钢,白色金属漆饰面
3厚热镀锌钢板

公称直径DN100×6厚圆管柱子
白色金属漆饰面

150×100×6厚热镀锌矩管主梁

80×4厚热镀锌方管次梁

268.400 (TW)

R20

200

450

250

267.950(FL)

剖面图一

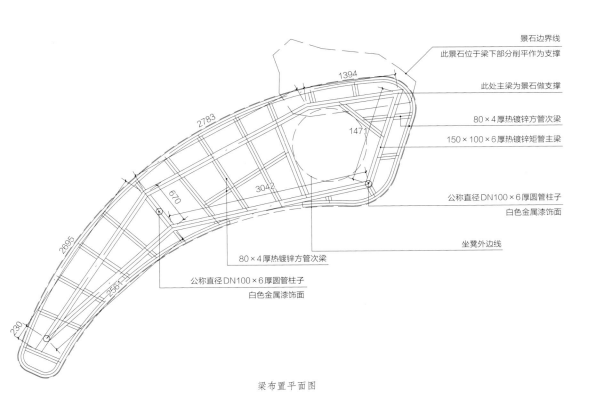

景石边界线

此景石位于梁下部分削平作为支撑

此处主梁为景石做支撑

80×4厚热镀锌方管次梁

150×100×6厚热镀锌矩管主梁

公称直径DN100×6厚圆管柱子
白色金属漆饰面

坐凳外边线

1394

2783

1471

3042

670

2695

2561

230

80×4厚热镀锌方管次梁

公称直径DN100×6厚圆管柱子
白色金属漆饰面

梁布置平面图

● 落座——水晶云亭

经典黑晶玻璃质感与柔美曲线开辟了一处优雅廊架，倒映此时、此景、此人。静坐其中，看花境叠翠，于繁华内心装下一座花园。

挚爱社交场，定格画面

● 绽放——兰亭玉立

曲线长滩作为全园焦点，联动下沉庭院的无边界感，由形至境、韵，进行感官叠加，让斐波那契风之美自由生长。层叠流水顺沿绿洲纷繁而至，如抵天际。

光与水、白与绿、建筑与景观共同呈现一座时尚秀场，使人全方位感受园林大片的高级审美。水面倒映乌桕枝丫，优雅与高贵绽放的白玉兰艺术中心，如艺术与生活交织出静谧的欢喜。

中庭水景

3.水涧流殇，钟灵毓秀

● 后场

曲线长滩，如通天际

● 尾调——林谷行深

　　庭中水溪蜿蜒，绕树而生，以自然为内核供给白玉兰艺术中心沉浸式的生活体验，塑造纷繁之外的隐逸庭院：环玻璃幕墙，观庭中禅意；长峡天坑，溶洞奇观，水韵流殇，蕊里寻香。

白玉兰下沉艺术中心

"流行是短暂的，只有优雅的风格才是永恒。"

——纪梵希

久盛而不衰，历久而弥新。

一座DIO，不仅奉献了一座城的新地标精奢豪宅，

更是奉献了一座典藏传世的花园。

重庆香港置地招商蛇口 · 上景臺

项目地点：重庆市渝北区
占地面积：6560m²
景观面积：5508m²
甲方管理团队：重庆怡置招商房地产开发有限公司
景观设计：深圳奥雅设计股份有限公司
建筑设计：深圳市承构建筑咨询有限公司
景观施工单位：重庆晟景成园林工程（集团）有限公司
摄　　影：日野摄影、雪尔空间摄影

一、项目概述

项目位于重庆市渝北区。景观设计是基于传统造园理念下的新中式景观设计的传承与创新，提炼传统造园艺术手法精华，适当加入当代设计元素，结合重庆当地"巴蜀"文化，从《庄子》中提取"庄生晓梦迷蝴蝶"的典故，将其背后蕴藏的哲学思想和美学观点与景观结合，营造富含东方气韵的小巷弄，打造东方静雅美学宅院。

我是循着小溪追光的人，过去是，未来也是；

我是踏着竹影入梦的人，过去是，未来也是。

 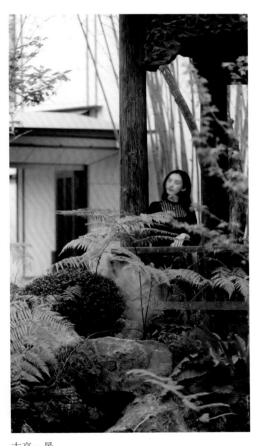

古亭　　　　　　　　　　　　　　　古亭一景

时空回转，昔者庄周梦蝶，不知周之梦为蝴蝶欤？蝴蝶之梦为周欤？今逢于此，是古与今的融合，是虚与实的对比。移步中上演着一幕又一幕转换的场景。恍然入梦忘却身在何处，仿佛沉浸于戏剧性的梦中花园。

展示区的设计采用步移景异、以小见大的传统园林手法，以现代设计解构自然山水。以"庄生晓梦迷蝴蝶"为线索，通过入梦、游园、迷蝶、叠溪、竹影的情景动线，以及惊梦十幕的故事景点，营造小巧雅致、曲径通幽、富含东方气韵的展示区。

所谓"一峰则太华千寻，一勺则江湖万里"，惊梦十幕便于此展开了……

拱桥与古亭

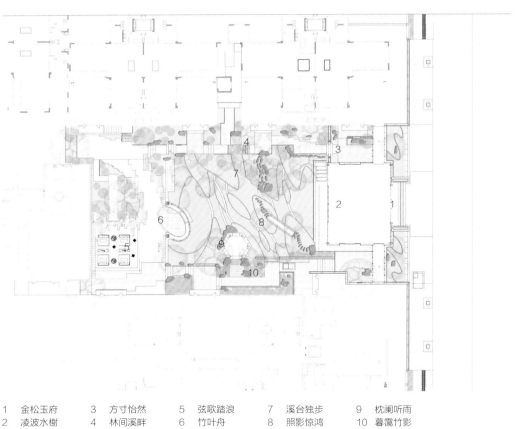

| 1 | 金松玉府 | 3 | 方寸怡然 | 5 | 弦歌踏浪 | 7 | 溪台独步 | 9 | 枕阑听雨 |
| 2 | 凌波水榭 | 4 | 林间溪畔 | 6 | 竹叶舟 | 8 | 照影惊鸿 | 10 | 暮霭竹影 |

总平面图

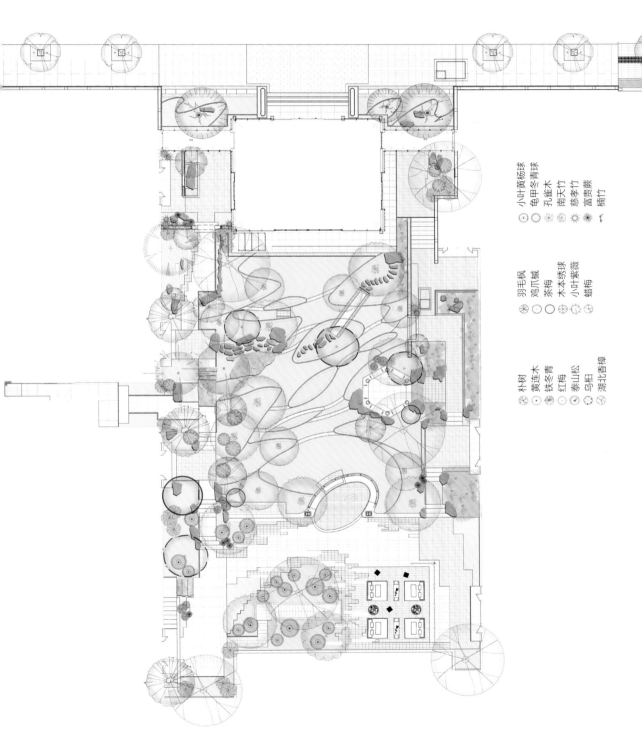

小叶黄杨球
龟甲冬青球
孔雀木
南天竹
慈孝竹
富贵蕨
楠竹

羽毛枫
鸡爪槭
茶梅
木本绣球
小叶紫薇
蜡梅

朴树
黄连木
铁冬青
红梅
泰山松
乌桕
湖北香樟

植物种植平面图

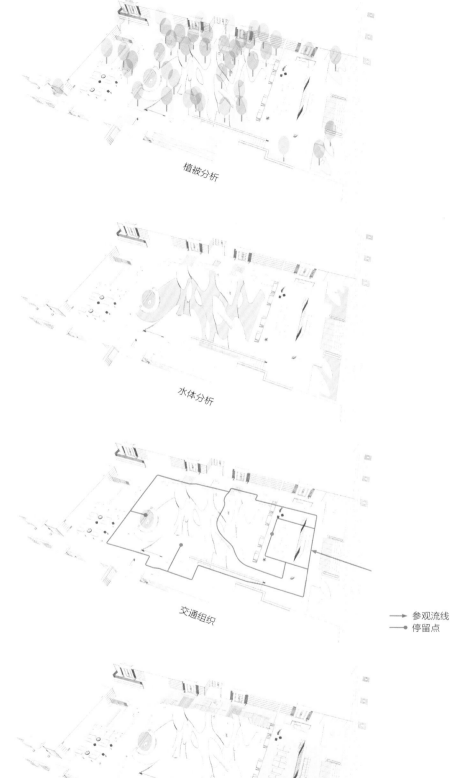

植被分析

水体分析

交通组织

功能分区

分析图

⟶ 参观流线
⟶ 停留点

临街展示
会客空间
一重前院
二重林荫院
水景岛屿
竹林步道
休闲广场

二、详细设计

1. 入梦——梦境伊始，寻蝶入梦

● 金松玉府

"松风吹茵露，翠湿香袅袅。"沿着如横轴水墨画卷展开的入口围墙，一段正清和雅的气质迎面而来。

入口处门头是传统的单檐歇山顶，门前三棵虬根百曲的泰山松，其下一方清池，水声淙淙。古松枝干伸展，怀邀远方之客共叙佳话，闲谈品茗。一场古典气韵的雅致清梦由此开启。

● 凌波水榭

"山田雨足心无事，水榭华开眼更明。"会客厅采用传统框景手法，尺幅窗、无心画，从会客厅的窗前向外观看，一卷动态画轴映入眼帘。

窗外泉水潺潺，春意阑珊；窗内言笑晏晏，宾朋满座。溪涧叮咚，树影婆娑，满园美景尽入眼底，达到"内观身游"的绝佳体验。

回望茶室会客厅

茶室会客厅外部景观

茶室会客厅夜景

2. 游园——赏良辰美景，游园惊梦

● 方寸怡然

"怡然憩歇处，日斜树影低。"出了水榭，便来到了侧方小庭院。一方青石横卧其中，几串溪流倾泻而下，斜飘的羽毛枫似在诉说光阴的故事。

景墙、月洞门、会客厅围合的空间让视线转内，采用收放相间的序列渐进变换手法，颇似留园的古木交柯之景，为下一空间做好欲扬先抑的铺陈。

月亮门景墙

● 林间溪畔

穿过月亮洞门，来到一条溪畔小径，沿小径直入，视线转而开阔，可以隔水遥望对面的古亭。

抑或是踏上石阶，伴着微风，静听潺潺的流水声。走在可游览全园的外围廊道之上，享受着惬意的时光，一场古朴浪漫的梦悄然发生。

流水潺潺

3. 迷蝶——迷失其中，一场蝴蝶梦

● 弦歌踏浪

"闻弦歌而知雅意"，小径的尽头视线豁然开朗，休闲广场映入眼帘，与东侧主体建筑"凌波水榭"隔水相望，互为对景。

此处设计为江南宅园常见的"前宅后院，隔水相望"的模式。枝丫上的雀鸟，百啭千声；林荫下的琴声，泠泠作响。坐在休闲座椅上，共谱一段山水清音的美梦。

● 竹叶舟

"醉后不知天在水，满船清梦压星河。"开放式的休闲空间，恰如烟雨行舟。近观树影婆娑与水影绰绰，细听丝竹绕耳和山水清音。

自然与人竟在此刻若合一契。若是在晴朗的夏夜，星河倒转，触手可及，你可愿做一场化蝶的清梦，迷失其中，不愿醒来？

户外休闲空间

户外休闲空间近景

户外休闲空间与古亭

树木掩映下的临水休闲椅

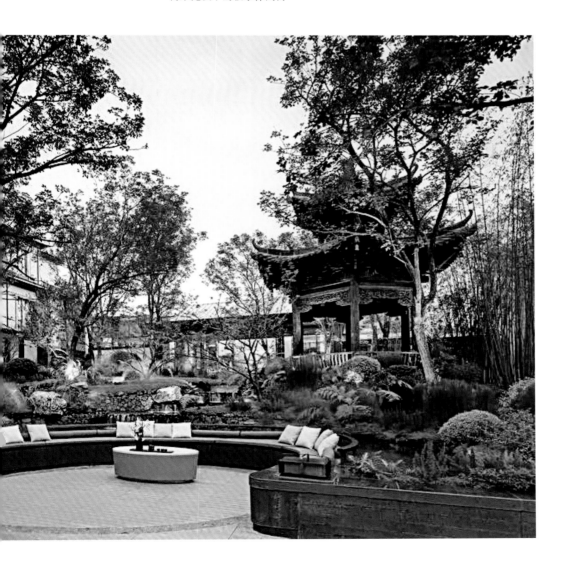

4.叠溪——浮生清欢,枕清溪而梦

● 溪台独步

"丝禽藏荷香,锦鲤绕岛影。"潭影悠悠,鱼戏池间,青树翠蔓,光影斑驳,清澈的溪水从石阶上一阶一阶地跌下,造就了一幅美好的画面。走在亲水平台上,手捧一涓溪流,观一处奇石,带来一场静雅美学的盛宴。

跌水景观池

中心水景剖面图

● 照影惊鸿

"伤心桥下春波绿,曾是惊鸿照影来。"小桥流水,金鳞畅游,水池东南角设小桥,以隔断水面,增加景深和空间层次而又不失含蓄,将山水意境融入景观之中。

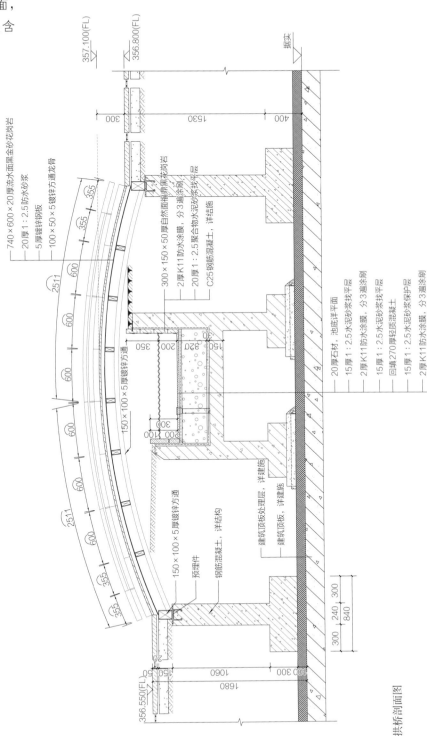

拱桥剖面图

5. 竹影——风摇翠竹，茶香午梦醒

● 枕阑听雨

"小楼一夜听春雨，深巷明朝卖杏花。"水池的南端是古朴的亭子，可以隔水观赏环池三面的景色，是全园的构图中心。

古亭意境

若是潇潇暮雨，枕阑听雨，手谈一局，体味纵横经纬内的溃散昂扬；若是春和景明，青烟笼炉，溪边林下，享受茶香氤氲中的午休时光。

● 暮霭竹影

"竹深树密虫鸣处，时有微凉不是风。"两侧的竹林夹道，陶瓷砖的台阶，嶙峋的景石，现代简约与拙朴古意相互对撞，在光影下展现现代东方气韵。

漫游至此，梦境渐渐清晰起来，梦已然不再是梦，此刻就身在梦境中的奇幻花园……

竹林汀步

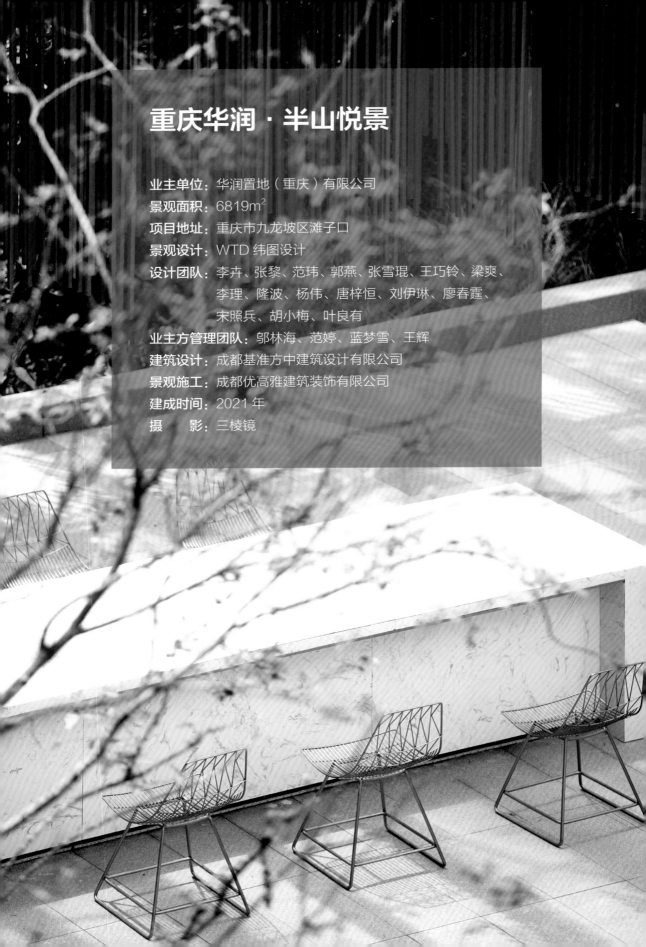

重庆华润·半山悦景

业主单位：华润置地（重庆）有限公司

景观面积：6819m²

项目地址：重庆市九龙坡区滩子口

景观设计：WTD 纬图设计

设计团队：李卉、张黎、范玮、郭燕、张雪琨、王巧铃、梁爽、
李理、隆波、杨伟、唐梓恒、刘伊琳、廖春霆、
宋照兵、胡小梅、叶良有

业主方管理团队：邬林海、范婷、蓝梦雪、王辉

建筑设计：成都基准方中建筑设计有限公司

景观施工：成都优高雅建筑装饰有限公司

建成时间：2021 年

摄　　影：三棱镜

一、项目背景

　　重庆市九龙坡区，山水相伴，带有山城特有的厚重人文之美。项目地处九龙坡区九龙半岛板块，交通便捷，可达性强。场地内地形复杂，形状不规则，为典型重庆山地地形，内有高挡墙、防空洞、老树等，高差最大处达59m。周边建筑已老旧，西侧、东侧相邻小区均为高层老建筑，周边视野不太理想。

　　项目以高端改善居住为主，多数业主有提升生活品质的需求。因为地处老城核心区域，设计师希望能够植根于九龙坡区本土文化，闹中取静，打造具有在地性和品质感的"都市山林"，突出其与周边住宅的差异性，在喧嚣的城市中，独享一方宁静。

的城市森居空间

步入城市林间，一个由光与树影构成的会客展厅

从老城的黄桷树、梯坎、石缝长草等场景中提取台阶、老树、野趣等元素，并重新进行演绎

二、空间关系梳理

　　示范区位于场地最北端，分为售楼部区域与实景展示区。售楼部紧邻市政道路，建筑的长边平行于道路，红线与售楼部之间仅有约10m的进深，同时存在从北至东北方向8%的上升坡地，高差约4m。售楼部后场存在1m高差，红线与大区高层建筑仅有5m距离。在这样的条件下，设计首要思考的是如何调整空间关系，通过动线与视线的控制，使游览感受达到最佳。

　　最具争议的是示范区入口的点位与风格。设计团队在开敞、隐蔽、若隐若现等形式中寻求最优解，反复修改调整方案，最终形成由景墙、门头、建筑构成的对外展示界面。入口位于北侧，拉长行走动线。

图例

1 精神堡垒	6 前场水景	11 奇幻廊道
2 示范区出入口	7 特色对景树	12 入户景观
3 车库出入口	8 树根雕塑	13 林下会客厅
4 前场对景	9 特色廊架	14 休闲平台
5 景观跌水	10 艺展丛林	

总平面图

此外，设计师利用景墙、水景遮挡来引导视线向内。前场景墙选用透景的格栅，虚化对外的视线。格栅的高度既遮蔽了市政道路，又巧妙地将行道树的树梢引入视野，保持了视线的纯净。

后场同样利用水景和花坛拉长动线，营造游园的感受，遮挡了洽谈区看向台阶的视线。挡墙结合艺术廊架压住了看向大区的视线，丰富了视觉层次，也为行人预留了驻足点。

设计景墙、水景遮挡等将人的视线向内引导

建筑的长边平行于道路，从北至东北方向有8%的上升坡地

从洽谈区看向前场与后场，设计元素屏蔽了场地高差的变化与外界的干扰，入眼的只有精致的水景和花境，使人获得了更加干净、纯粹的视觉感受。

老化的木头身上透出时光的印记，与场地的现代感形成新旧融合

后场利用水景和花坛拉长动线，营造游园的感受

前场景墙选用透景的格栅作为围界，虚化对外视线，弱化周边环境的影响

三、场地气质塑造

"都市山林"的独特气质，离不开细节、品质与精神内核等方面的体现。

入口区域以"隐奢"为主基调，强调从城市到场地的空间变化。展示面与大尺度的门头简洁大气，野趣的花境和从顶板的矩形开口中长出去的树，打破了空间的规矩与沉闷，引入自然的同时也带来一丝活力。台阶尺度由下而上逐步收小，轻薄的厚度不会给

野趣的花境和从顶板的矩形开口中生长出去的树，打破空间的规矩与沉闷

人沉重的压力。通道狭窄，设计利用墙壁的颜色和材质增强延伸感，让空间更通透。精致的跌瀑传出水声，制造一种缓缓进入的仪式感。

相较于前场的沉稳细腻，后场则会更具浪漫色彩。老城区带有很多人文记忆，让人产生强烈的情感共鸣。设计师从老城的黄桷树、梯坎、石缝长草等场景中提取台阶、老树、野趣等元素，经过艺术手法重新演绎。老化的木头透出时光的印记，与简约的空间形成新旧融合，展现出优雅浪漫的气质。

回流转的空间流线增加了景观层次

四、生活场景营造

在售楼部区域与实景展示区的连接区域，设计师用"二进门"的形式使空间形成明显层次，同时给参观者带来空间转换的仪式感。设计使用简洁的几何形，通过翻折构成

水面倒映着乌桕的枝丫

"二进门"的设计形式

一个并不完全规矩的通道。身临其中既可望到幽静的林间，又能回望庭院，看到不一样的野趣、浪漫。

步入林间，这是一个由光与树影构成的会客展厅，交往互动以更艺术化的场景植入空间。水面倒映着乌桕的枝丫，地面铺满的树皮散发着独特的清香。一种更亲近自然的

森居感扑面而来，如同艺术与生活交织出静谧的惊喜。

　　对于实景展示区，设计师着重考虑场地条件与功能体验。林间展厅的视线屏蔽与共享会客厅的开敞形成视线收放，使空间的纵深感得以展现。精致格栅呼应了前场，水景与绿化穿插丰富了空间层次，温暖素净，给人带来度假式森居体验。

　　设计将生活美学与城市人文记忆融入居住体验，庭院层层打开，相互联系又各具特色。结合了材质、色彩、植物等的细节表现，让空间更具质感。山林间，阳光洒下，树影斑驳，仿佛走进了一段纯静隽永的时光，抽离了城市的喧哗，沉浸在缓慢宁静的岁月中。

温暖素净仿佛置身度假时光

细节体现出空间的质地

东莞中海·松湖璟尚

甲方设计团队：刘兰、李跃华、江伟恺、朱莉娅、吴进满、
陈松斌、周建军
甲方工程团队：陈达正、王伟光、余峰、黎时光、刘欣、陈胜强、
朱华南
景观设计：ACA 麦垦景观事业四部
建筑设计：深圳市库博建筑设计事务所有限公司
室内设计：郑树芬室内设计（深圳）有限公司、深圳市于强
环境艺术设计有限公司
标识设计：深圳乐图广告有限公司
施工单位：广州普邦园林股份有限公司
项目地点：广东省东莞市
项目首开区面积：7000m²
设计时间：2021 年 1 月
建成时间：2021 年 8 月
项目摄影：林绿摄影

一、项目导读

"社区会客厅"作为社区景观中最重要的场景，真正有用户使用其会客功能的，不常见到。

"社区书吧"作为社区景观中经常被设计的场景，真正有用户在这里阅读的，也较为少见。

"社区游泳健身区"在社区里大部分是没有真正为用户提供服务功能的。

……

在社区项目中，这几项基本的景观功能场景，在交付之后却经常得不到良好的运营。有时这些社区景观场景甚至被做成标准化模块，迭代很多次，却依然不能解决这些场景在交付后的运营问题。中海松湖璟尚项目在设计之时把这几项功能排在了用户关注点的前列。为了保证项目在销售时期的场景营造效果和交付之后的场景运营效果，项目团队带着用户思维，带着交付后运营的思维，从用户深访到策划设计，从空间、功能、场景、运营、造价等多个维度，尝试去解决这些问题。

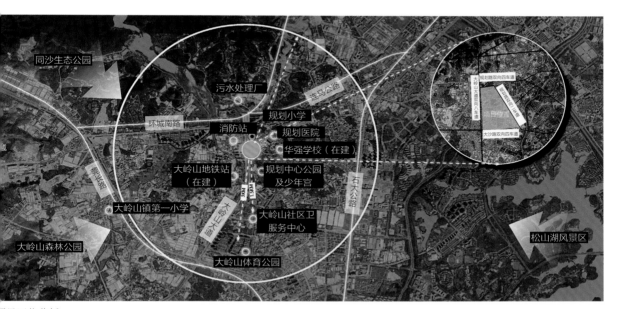

项目区位分析

二、景观场景运营的思考——被尊重，被服务

让用户感受到"被尊重，被服务"是社区景观营造的基本意义。

社区景观经常被营造出很好的场景感，这时候更应该思考如何将景观场景运营起来，如何去尊重人、服务人。在中海松湖璟尚项目中，项目团队通过对改善型用户对社区功能场景需求的深度研究，在景观场景营造上不断摸索，尝试让社区景观能够长期运营，真正做到为用户服务。项目团队提出五项思考：从奢华到尊重、从营造到运营、从配套到服务、从陪护到互动、从社区到公园。

项目位于东莞市大岭山镇新城中心区域，毗邻松山湖。与自然融为一体的生活是中国人的居住理想。项目团队尊重当地的生活和现状条件，力争回归生态自然的、审美的、园林的重造。在传承岭南四大园林文化的基础上，提出了社区中央公园的设计理念。在社区公园里，最开始项目团队并没有去布置建筑，而是把整个场地先看作一个度假的公园，再去组织度假公园式的场景流线，然后在公园中融入建筑，让建筑在公园中再生。用东方的居住哲学来讲就是"半园半宅"。项目团队正是用这种方式来回应松山湖片区大生态的思想。

总平面图

1. 从奢华到尊重

主入口一直是社区景观设计最愿意投入成本的场景。应该反思一个问题：传统"奢华营造"是不是用户最需要的场景？通过对当地改善型目标客户的深访，项目团队发现

用户依然需要一个具有仪式感和归属感的入口，其实用户需要的不是"奢华营造"，而是需要"被尊重"。因此，设计上依然采用三进的方式：从文化上的尊重（主入口的三间两廊来自于东莞民居的传统建制）、体验上的尊重（四水归堂中庭）、服务上的尊重（社区接待中心）来营造入口的归家礼序。

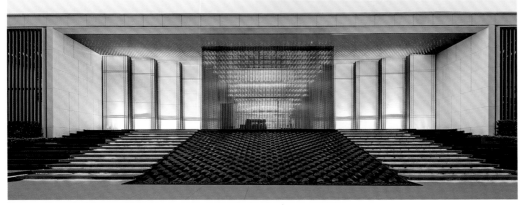

入口借鉴传统民居三间两廊形式，体现对当地文化的尊重

45m面宽的社区大门楼加强小区领域感，体现对用户体验上的尊重

格栅采用四排 15mm × 30mm 扁通，从侧面看去由线成面，很好地满足了园区内的私密性

入口屏风采用格栅的形式，正面看去间隙处透出远处的荔枝林，灯光点缀其中增强入口仪式感

静谧的水面结合高差层叠式处理，与入口楼层叠屏风呼应，叠落的树池藏于水面之下，细部拉槽处理的石材呼应水景的层叠

社区会客厅的光线从天井洒落，管家时刻守候，会客厅内的等候区也给用户贴心的服务和体验上的尊重

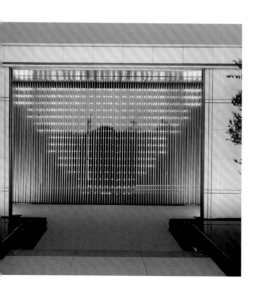

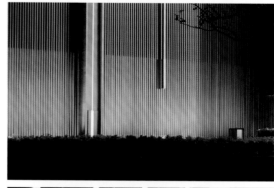

金属屏风形成背景突出的前庭深色水景，强调人行走其中
的体验感

2. 从营造到运营

项目把社区会客品茶、棋牌娱乐、社区书吧作为相对重要的排序。项目团队在设计之初带着这些最基础的目标：让用户开心地在社区会客厅会客，愿意在社区书吧读书，喜欢在棋牌娱乐场所娱乐。项目团队带着景观场景营造到场景运营的思维，要让这些场景在有限的物业管理费用支撑下能够有效运营起来。

项目团队在场地中轴核心位置，结合社区中心做了下沉空间。下沉空间三面布置了会客、茶室、棋牌等这些强功能的场所，形成了以下沉空间为中心的半室内空间，且能够得到良好的采光，同时共享了下沉庭院的户外风景。在与半地下主要会客空间正对的一层地面层，项目团队设置了游泳池悬挑于负一层顶板，雨帘跌落形成主要的视觉看面。游泳池深度以下的空间足够用作一个社区的书吧。书吧两侧则用阶梯的方式连接一层的花园和负一层的庭院。阶梯两侧形成庇护感极强的树下阶梯阅读空间。

下沉庭院

半地下强功能围合式布局方式让社区会客厅、社区书吧、社区茶室、棋牌室都共享了下沉庭院

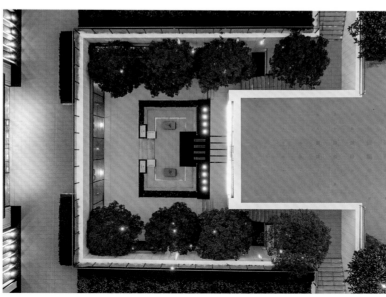

社区中心的负一层在销售期间成为营销沙盘和客户洽谈的主要场所，在用户入住后则成为一个集中型的社区会客厅。其他的地下半室内空间则为永久性保留，向用户直接展示出将来入住后的场景。弱化了"营销中心"这个概念，一切以实景呈现和实景运营为核心，告诉用户，这就是入住后的真实生活场景。

令项目团队很有信心的是，在用户入住后，依然有人会在这个阶梯阅读空间读书。这个空间特意设置在归家流线可选择性通过的位置上，为社区的中青年人提供一个回家前的独处空间：可以是刷手机看看今天的新闻，也可以是拿出香烟和备好的口香糖放松身心，还可以是为了避免把工作带回家，在这里临时处理完工作。社区正是用功能的形式来分担成年人的疲惫。社区书吧就在阶梯阅读空间旁边，十分方便借阅图书。当然，在游泳池下的社区书吧也形成一个可以面向中庭、三面采光通透的半室内空间。

室内交往空间

借用泳池悬挑形成的水景，在茶室与下沉花园间形成对景，花园四周景观一体化打造的山墙立面烛光点缀其中，提供舒适的灯光

水景

阶梯阅读空间

灯光藏于精工细节中

景观细节

　　这种半地下强功能围合式的布局方式，让社区会客厅、社区书吧、社区茶室、社区棋牌室都共享了下沉庭院，作为社区的交往核心，形成围合的家庭聚会、邻里聚会空间。在华南高温环境居多的条件下，可以使用空调，极大地便于用户入住后的运营管理。更重要的是，项目团队在设计阶段和物业管理专业人员详细沟通，梳理了用户入住后的人数、功能空间的面积需求、可投入的物业服务人员的数量。当这些空间同时使用时，物业服务人员的服务半径，从用户提出服务需求到服务人员到位的时间这些方面都做了考量。期望这个空间成为一个真正能够有用户会客的会客厅，和一个真正有用户阅读的社区读书空间。社区用客户参与空间营造的方式去激发园林的精神属性：社区的公共场所是邻里关系的生长地。

3. 从配套到服务

　　游泳池在社区里一直是孩子的主场。严格意义上来讲，社区的游泳池很难为用户提供好的服务。通过项目客研得到一个意外的数据：项目用户对运动、健身、游泳的需求，高于广州和深圳的用户，运动健身也作为一个重要的功能场景被摆在功能需求列表的前三位。

　　运营管理上，游泳池的进出管理、健身房的管理、吧台的管理，其实可以由一位服务人员来完成，能够为游泳健身区的用户提供服务。同时，项目团队和物业管理专业也测算过这些运营成本，也能够在有限的物业费用和场地使用费用支持下有效运营起来，为用户服务。

　　更衣室、网约教练间、健身房、游泳池林荫吧台，被集合在一个地面上的盒子里。这样让有氧健身和游泳成为一个景观场景里面的功能，很好地为成年人提供服务。看护孩子的家长，不用暴晒在阳光下，还能得到一杯冰水或者冰咖啡。

泳池鸟瞰

4. 从陪护到互动

　　儿童活动场地多次迭代后，依然看到的是年轻的爸妈在刷手机，爷爷奶奶在守候，小孩自己在玩耍……小孩是不是一定需要明艳的色彩？小孩是不是一定需要一个卡通的IP？家长怎么办？孩子的成长更多的是需要家长的陪伴互动，将浅陪伴变为深度陪伴，场地塑造丰富的立体互动空间，促进多维度的亲子陪伴游戏体验，从真正意义上让家长融入孩子的世界里。

5. 从社区到公园

　　互享陪伴式幸福社区，复苏邻里交往，打造幸福园林社区公园体系。回归生活场景，回归用户感知，回归情绪体验，回归邻里关系，提升居民的幸福感。

泳池边的休息空间

通过泳池的悬挑与下沉花园形成了一个强功能、强体验的立体花园

这里需要一个空间来承载功能，有了这个盒子，根据不同功能平面的组合确定盒子的长宽高，在端头嬉水区给家长一个舒适的陪护区，这个盒子内退2.5m形成一个舒适的灰空间

西安中海·寰宇天下

项目地点：陕西省西安市高新区西太路南段西安国际医学中心南侧
项目面积：展示区约 4500m²
景观设计公司：成都赛肯思创享生活景观设计股份有限公司
景观施工单位：陕西观澜生态环境有限公司
装置设计与深化：成都赛肯思创享生活景观设计股份有限公司
建筑规划设计：深圳市库博建筑设计事务所有限公司
摄　　影：景至摄影，刘聪

一、项目概述

　　项目位于西安高新区核心区域，汲取自然中的树、石、光影、流水、植物等元素融入景观设计之中。根据场地特殊的地形加入空间的开合变化，将其转化为归、林、谷、潭四大场景，打造清净避世，自然野趣的"现世桃源"。

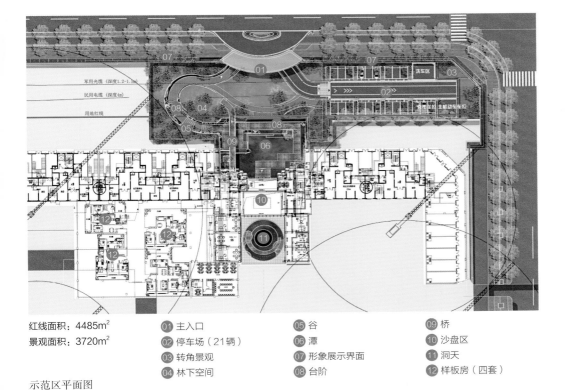

红线面积：4485m²

景观面积：3720m²

① 主入口	⑤ 谷	⑨ 桥
② 停车场（21辆）	⑥ 潭	⑩ 沙盘区
③ 转角景观	⑦ 形象展示界面	⑪ 洞天
④ 林下空间	⑧ 台阶	⑫ 样板房（四套）

示范区平面图

二、设计理念与特色

1. 归家步道

入口处大尺寸的前庭大门，以酒店式入口打造精致的景观，创造延展处空间的仪式感。起伏的地形丰富了景观下部层次，成片的铺地灌木将绿意铺展开来，纯净草坪上以花境作为点缀，植物令整个空间色彩绚烂而充盈。

入口标识与植物景观

前庭大门

2. 临溪入谷

由于场地具有独特的高差地形特征，因此为了缓解高差，设计构建了一个"入谷"的过渡。

镀锌钢板和混凝土挡墙模拟了山中的岩壁，植物和流水的叠加营造了一个入谷的与世隔绝的理想状态。

台阶营造丰富的景观层次

沿台阶下行，孤植古松立于身前，石阶下密植葱茏的地被，打造"石上青苔厚，阶前落叶深"的山谷幽境。

台阶两侧的植物

3. 潭水深千尺

　　碧潭成为下沉空间的视觉焦点，乔木身形挺拔优美，下层的地被植物自然起伏，视觉层次丰富而细腻。

　　庭院景墙结合前场水景的设计，构成一幅桃源意境图。

"潭水"主题景观鸟瞰

跌水入潭

树木成为焦点

花影移墙，峰峦当窗

跌水打破空间的静谧

墙构造桃源意境

现实跃入画境之中

景

开放空间藏匿着避世的心境与拙朴的自然。整个项目从微观到宏观，再从宏观至微观，大到由景观到空间的营造，小到细节的雕琢刻画，一丝不苟，毫不含糊。

在天际与深潭的对比中，为了强化空间的可塑性，廊桥贯穿深潭之上，产生一种"之间"的状态。向外谋求自然新生的状态，最大限度屏蔽外界各种不利因素的侵扰；向内寻找一种自然的原生力量，形成一组不间断的连续空间，令整体空间视觉饱满而富有张力。

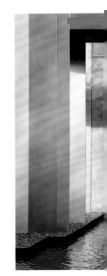

树木枝干虬曲苍劲，呈现一派生机勃勃的自然意趣

小乔木点缀庭院空间

水、石、树灵动交织演绎

俯观廊桥，置身其中，绿意自然深邃触手可及

夜幕降临，华灯初上

布局错落有致，创造多样化空间

空间藏匿闲雅与自然，创造出纯净的空灵感

行走于廊桥上，仿佛绿色仙境

三、详细设计与措施

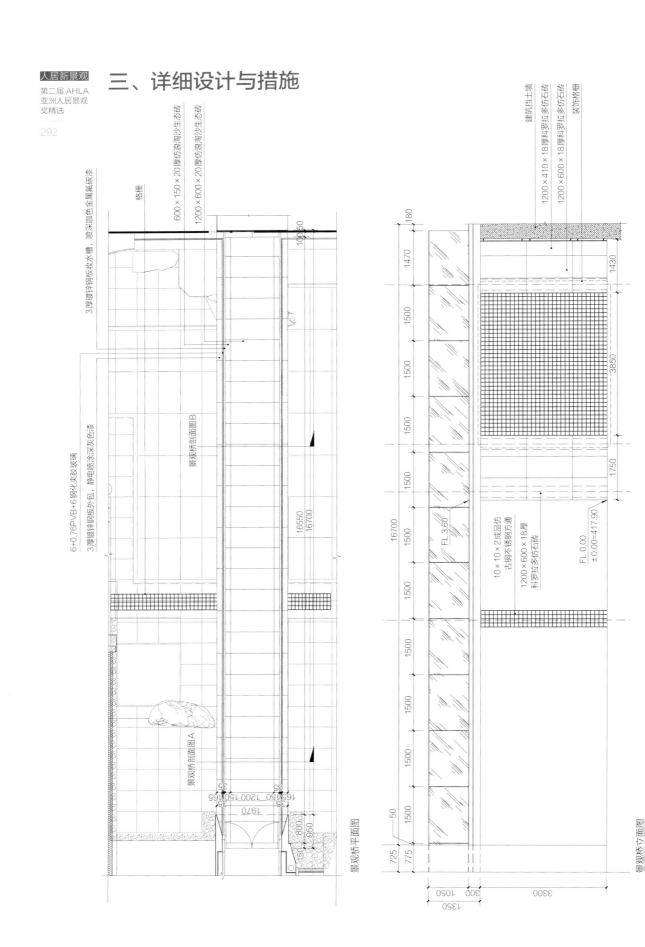

格栅

600×150×20厚仿浪淘沙生态砖

1200×600×20厚仿浪淘沙生态砖

3厚镀锌钢板收水槽，喷深咖色金属氟碳漆

6+0.76PVB+6钢化夹胶玻璃

3厚镀锌钢板外包，静电喷涂深灰色漆

景观桥剖面图B

16550
16700

景观桥剖面图A

35
165 150 1200 150 165
35
1970

150 800 950

景观桥平面图

建筑挡土墙

1200×410×18厚科罗拉多仿石砖

1200×600×18厚科罗拉多仿石砖

装饰格栅

180
1470
1500
1500
1500
1750
1430
3850

10×10×2成品仿
古铜不锈钢方通

1200×600×18厚
科罗拉多仿石砖

FL 3.60

FL 0.00
±0.00=417.90

16700
1500
1500
1500
1500
1500
1500
1500
1500

50
1500

725
775

300
1050
1350
3300

景观桥立面图

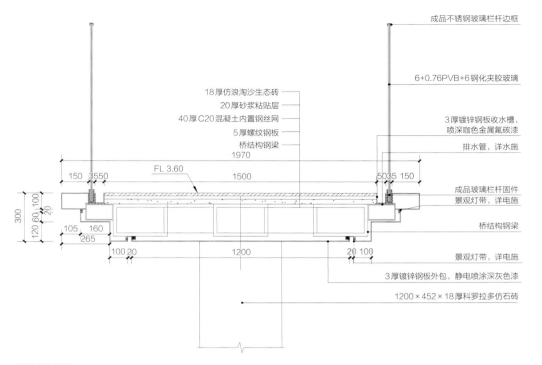

成品不锈钢玻璃栏杆边框

6+0.76PVB+6钢化夹胶玻璃

3厚镀锌钢板收水槽，
喷深咖色金属氟碳漆

排水管，详水施

18厚仿浪淘沙生态砖
20厚砂浆粘贴层
40厚C20混凝土内置钢丝网
5厚螺纹钢板
桥结构钢梁
1970

FL 3.60

成品玻璃栏杆固件

景观灯带，详电施

桥结构钢梁

景观灯带，详电施

3厚镀锌钢板外包，静电喷涂深灰色漆

1200×452×18厚科罗拉多仿石砖

景观桥剖面图A

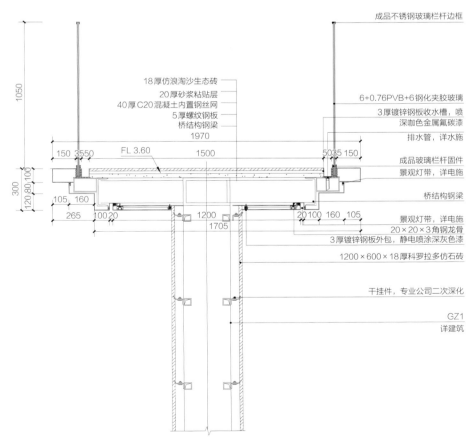

成品不锈钢玻璃栏杆边框

18厚仿浪淘沙生态砖
20厚砂浆粘贴层
40厚C20混凝土内置钢丝网
5厚螺纹钢板
桥结构钢梁
1970

6+0.76PVB+6钢化夹胶玻璃
3厚镀锌钢板收水槽，喷
深咖色金属氟碳漆

排水管，详水施

FL 3.60

成品玻璃栏杆固件
景观灯带，详电施

桥结构钢梁

景观灯带，详电施
20×20×3角钢龙骨
3厚镀锌钢板外包，静电喷涂深灰色漆

1200×600×18厚科罗拉多仿石砖

干挂件，专业公司二次深化

GZ1
详建筑

景观桥剖面图B

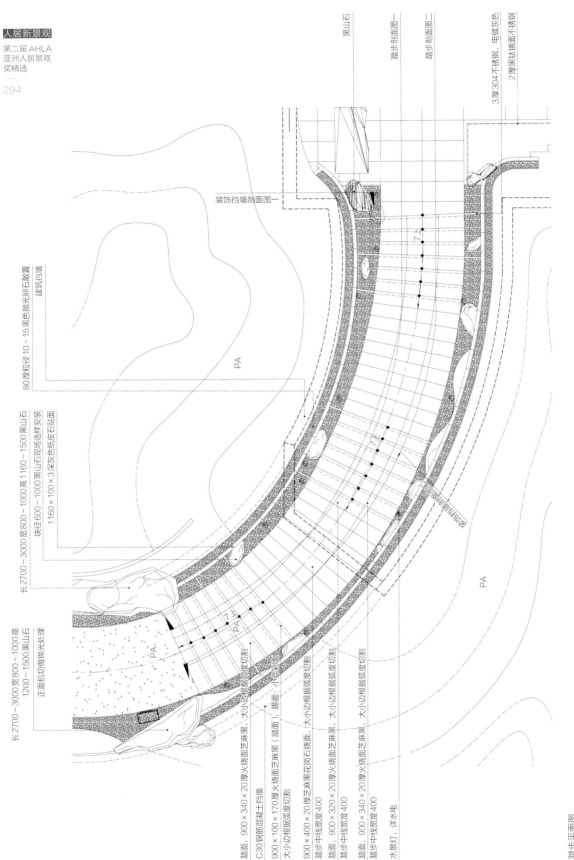

黑山石

踏步剖面图一

踏步剖面图二

3厚304不锈钢，电镀灰色

2厚黑钛镜面不锈钢

装饰挡墙剖面图一

80厚粒径10～15黑色抛光卵石散置

建筑挡墙

长2700～3000宽800～1000高1160～1500黑山石

块径600～1000黑山石现场选样安装

1160×100×3深灰色纸皮石贴面

长2700～3000宽800～1000高

1200～1500黑山石

正面机切做抛光处理

踏面，900×340×20厚火烧面芝麻黑，大小边根据弧度切割

C30钢筋混凝土挡墙

900×100×170厚火烧面芝麻黑（踏面），小边根据弧度切割

踢面，小边根据弧度切割

900×400×20厚芝麻黑花岗石烧面，大小边根据弧度切割

踏面，900×320×20厚火烧面芝麻黑，大小边根据弧度切割

踏步中线宽度400

踏面，900×340×20厚火烧面芝麻黑，大小边根据弧度切割

踏步中线宽度400

踏步中线宽度400

水景灯，详水电

踏步平面图

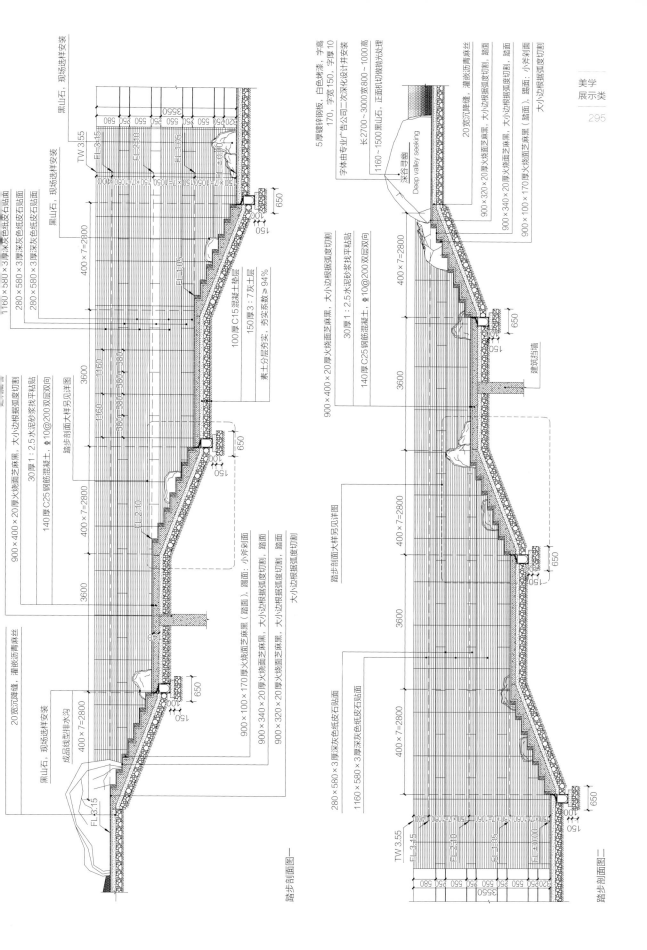

踏步剖面图一

1160×580×3厚深灰色纸皮石贴面
280×580×3厚深灰色纸皮石贴面
280×580×3厚深灰色纸皮石贴面

黑山石，现场选样安装

黑山石，现场选样安装

TW 3.355

900×400×20厚火烧面芝麻黑，大小边根据弧度切割

140厚C25钢筋混凝土，Φ10@200双层双向

30厚1：2.5水泥砂浆找平粘贴

100厚C15混凝土垫层

150厚3：7灰土层

踏步剖面大样另见详图

素土分层夯实，夯实系数≥94%

20宽沉降缝、灌缝沥青麻丝

成品线型排水沟

黑山石，现场选样安装

900×100×170厚火烧面芝麻黑（踏面）、踢面：小斧剁面
踏面：大小边根据弧度切割、踏面：
大小边根据弧度切割

900×340×20厚火烧面芝麻黑，大小边根据弧度切割
900×320×20厚火烧面芝麻黑，大小边根据弧度切割

踏步剖面图二

280×580×3厚深灰色纸皮石贴面
1160×580×3厚深灰色纸皮石贴面

TW 3.55

5厚镀锌钢板、白色烤漆，字高170，字宽150，字厚10

字体由专业广告公司二次深化设计并安装

长2700~3000宽800~1000高

1160~1500黑山石，正面机切破地处以处理

深谷寻幽
Deep valley seeking

20宽沉降缝、灌缝沥青麻丝

900×320×20厚火烧面芝麻黑，大小边根据弧度切割、踏面

900×340×20厚火烧面芝麻黑，大小边根据弧度切割、踏面

900×100×170厚火烧面芝麻黑（踏面）、踢面：小斧剁面

建筑挡墙

900×400×20厚火烧面芝麻黑，大小边根据弧度切割

140厚C25钢筋混凝土，Φ10@200双层双向

30厚1：2.5水泥砂浆找平粘贴

踏步剖面大样另见详图

建筑挡墙

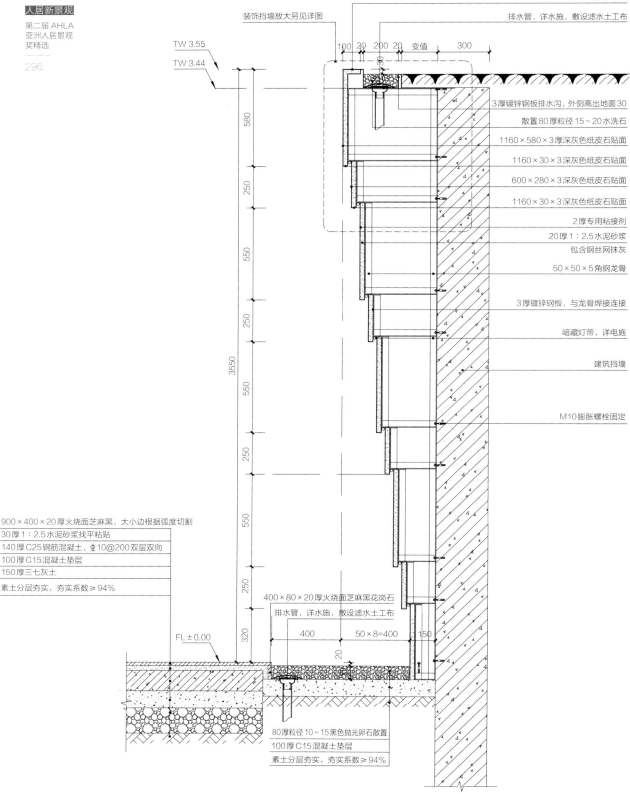

580×100×3深灰色纸皮石贴面

排水管，详水施，敷设滤水土工布

装饰挡墙放大另见详图

TW 3.55

TW 3.44

3厚镀锌钢板排水沟，外侧高出地面30

散置80厚粒径15～20水洗石

1160×580×3厚深灰色纸皮石贴面

1160×30×3厚深灰色纸皮石贴面

600×280×3深灰色纸皮石贴面

1160×30×3深灰色纸皮石贴面

2厚专用粘接剂

20厚1：2.5水泥砂浆

包含钢丝网抹灰

50×50×5角钢龙骨

3厚镀锌钢板，与龙骨焊接连接

暗藏灯带，详电施

建筑挡墙

M10膨胀螺栓固定

900×400×20厚火烧面芝麻黑，大小边根据弧度切割

30厚1：2.5水泥砂浆找平粘贴

140厚C25钢筋混凝土，Φ10@200双层双向

100厚C15混凝土垫层

150厚三七灰土

素土分层夯实，夯实系数≥94%

FL±0.00

400×80×20厚火烧面芝麻黑花岗石

排水管，详水施，敷设滤水土工布

80厚粒径10～15黑色抛光卵石散置

100厚C15混凝土垫层

素土分层夯实，夯实系数≥94%

装饰挡墙剖面图一

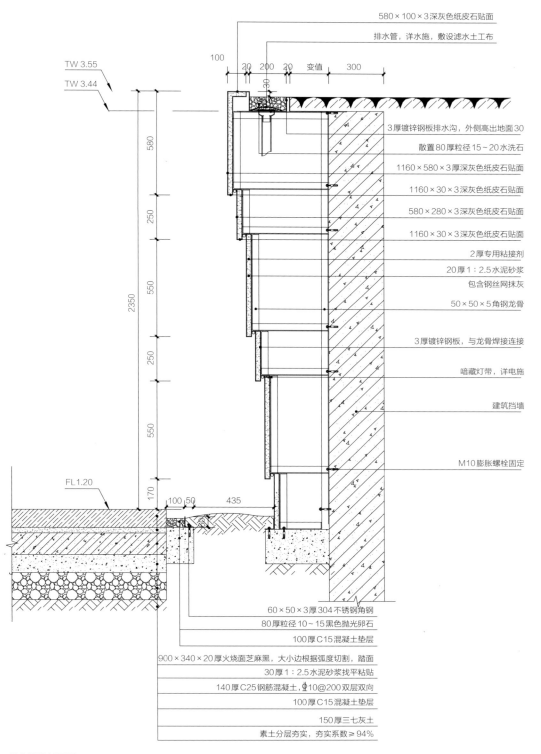

580×100×3深灰色纸皮石贴面

排水管，详水施，敷设滤水土工布

TW 3.55

TW 3.44

3厚镀锌钢板排水沟，外侧高出地面30

散置80厚粒径15～20水洗石

1160×580×3厚深灰色纸皮石贴面

1160×30×3深灰色纸皮石贴面

580×280×3深灰色纸皮石贴面

1160×30×3深灰色纸皮石贴面

2厚专用粘接剂

20厚1：2.5水泥砂浆

包含钢丝网抹灰

50×50×5角钢龙骨

3厚镀锌钢板，与龙骨焊接连接

暗藏灯带，详电施

建筑挡墙

M10膨胀螺栓固定

FL1.20

60×50×3厚304不锈钢角钢

80厚粒径10～15黑色抛光卵石

100厚C15混凝土垫层

900×340×20厚火烧面芝麻黑，大小边根据弧度切割，踏面

30厚1：2.5水泥砂浆找平粘贴

140厚C25钢筋混凝土，Φ10@200双层双向

100厚C15混凝土垫层

150厚三七灰土

素土分层夯实，夯实系数≥94%

装饰挡墙剖面图二

昆明美的 · 北京路 9 号

项目地点：云南省昆明市
项目面积：约 3500m²
景观设计公司：道远设计
设计团队：陈普乾、刘玲莉、陈惠琼、周雪梅、贺金灿、丁怡君、
　　　　　张潇
景观施工单位：贵州玖禾园林工程有限公司
建筑设计：gad 建筑设计
软装单位：LSD Interior Design
摄　　影：Holi 河狸景观摄影
完成时间：2021 年 6 月

体验中心入口

一、引言

一个融合的美学场景应该如同一场精彩的爵士乐演出，包容、自由、节制而又高潮迭起。

设计从感性的场景画面入手，希望通过对自然的还原及提炼，将现代的生活融于纯粹的画面之中，创造出融于自然的纯粹场景。

模拟无序的自然，呈现空间的艺术性和纯粹性

　　为了实现甲方、客户和设计师的共同目标，建筑、室内、景观犹如乐队中的"三大件"，互相依存且保持高度的黏性，弱化了专业划分及工作界面。

　　在寻找解题答案和美学追求的过程中，景观不断梳理城市、建筑、室内与内部庭院的关系，开放界面与隙中作园的空间转换齐头并做，不放过任何一个可以创造惊喜的可能。设计师不断传递"把自然搬回家"的理念，把与自然互动的机会与景观、建筑、室内融合在一起。

体验中心鸟瞰　　　　　　　　　　　　　　　　　　"亲自然"的居住理念

负一层室内空间

设计从一开始就确定了"和谐相生"的密林基调

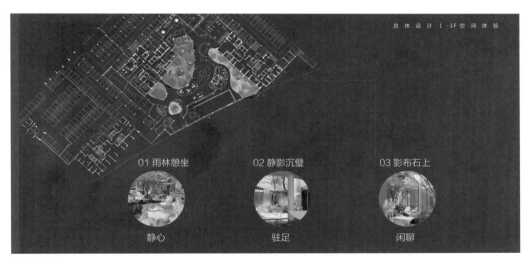

设计分析图

设计平面图

二、融合的场地

在整体设计过程中，任何一个设计元素都不应该是突兀的。设计的主旨是建筑与城市相融合，景观与室内又与建筑相融合。室内退让给建筑，建筑又退让给了自然。

美的·北京路9号的景观空间不同于传统的展示区。它没有明显的前后场之分，而是把所有元素捏合成了一个整体。建筑分为上下两层，位于城市界面部分的景观希望用更加大方简洁的形式烘托出建筑的轮廓，用更经典却又精确的大样烘托画面氛围。

建筑可以让人身临其境地进入景观，感受空间。景观被嵌入建筑之中，与建筑、室内共同营造出一个设计一体化、气质相似的场景体验。

当我们进入建筑的时候，我们希望也是一种一气呵成、平滑柔顺的空间感受。

这种背景状态极大地发挥了景观的价值，即以自然的无序布局有序的空间

建筑一层

原始的森林

退让的建筑

交相的

有序和无序的空间：景观作为一处具有容纳性的场地环境，以一种背景的形式存在

入口夜景：景观回归环境媒介本质，显其空间气质而不矫揉造作

建筑一层空间

三、渗透的庭院

城市开发地块间，镶嵌着一片静谧的绿林。建筑包裹在景观之中，彼此呼应，隙间作园，巧借天工，亲近自然。

负一层围绕中心庭院布置泳池、雪茄吧、茶室等功能空间。设计师希望脱开设计手法，营造出以热带雨林为愿景的景观意向，还原一个自然、包容且更具高级感的体验空间。

模拟自然并不容易，树木的粗细、姿态，收边的用材、摆放，更需要现场的设计和多视角的斟酌。

当然，在整个过程中少不了建设方、设计方和施工方一起对项目落地做出的努力。包括三方为了选择合适的石材，跑遍全国对石头表皮的精挑细选；对植物的挑选和判断，在创新和稳定之间不停地寻找平衡；建筑整体布局给建筑、景观、室内的施工带来了难度，三个方面的专业人员也在当中不停地协调沟通。

起初，设计师从脑海中浮现的浪漫社区场景入手，非常感性地从"亲自然"的角度切入项目，希望把建筑隐藏于一片热带雨林，营造相对野奢而高级的空间氛围。进入落地实施阶段，设计师又很理性地选择每一种材质、每一颗树木，有条理地去梳理现场的施工顺序及条件。在感性的介入与理性的回归之间，希望创造出当人们一踏入就能产生一丝幸福感的温暖空间。

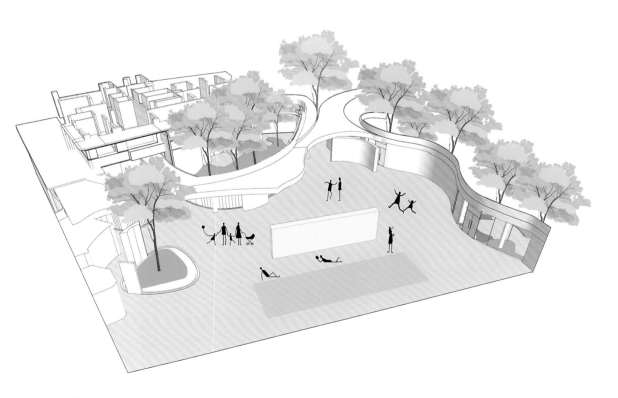

设计场景模拟

下沉庭院

提供接触自然的场所，
感受景观的愉悦

根据水边环境精选植物

用材细节

通过材料及植物的运用，营造丰富的场地感知

后场通道营造效果

庭园花园类

铺拉格花园

铺拉格花园

委 托 方： 深圳市罗湖区城市管理和综合执法局

项目地点： 广东省深圳市

设计风格： 现代

景观总面积： 260m²

荣　　誉： 2021 深圳簕杜鹃花展——金奖、最佳创意奖

2022 年度美国 MUSE 设计大奖——金奖

2022 年度美国建筑大师奖（AMP）——装置和结构类别优胜奖

AHLA 亚洲人居景观奖——艺术设计类金奖

设计团队： 黄剑锋、陈向慧、冯浩彬、邹鑫睿、马恒阳、叶绮杏、陈泽奋、陈伟国、毛忠永、温振新、黄浩、王碧、陈育嘉、朱泽璇

施工管控团队： 朱建辉、李智

摄　　影： 黄蕾、李小平

一、五大愿景

①可移动的花园元素：可置入和振兴旧的城市织物。

②LA模式：高密度城市化与自然环境可持续共存。

③城市的表演舞台：为所有坐着、行走、玩耍的人提供一个多变的花园布局，以适应不同的场景。

④可复制的产品：可根据不同场景需求提供便捷的产品生产。

⑤感官装置：通过光影、声音、灯光、雾森来回忆老城区。

二、城市与自然的对话，可回收的展示性花园

　　铺拉格花园（PLUG-IN GARDEN）深圳市福田区莲花山公园，作为深圳市簕杜鹃花展罗湖区代表，旨在呈现一场城市与自然的包容对话。摒弃常规的在展览结束后丢弃园林材料的方式，基于可持续发展的原则，该项目采用了可组装的模块和便于运输的艺术装置，在花展结束后也可以将它们运输到城市中的各个空间，再循环运用到不同的城市场景，延长花园的使用周期，减少各种材料的浪费，使旧的城市空间得到新时代的活化和美化，并赋予人们更好的体验。铺拉格花园的循环利用提升了周边市民的幸福感，让他们重新审视城市之美，激活生活乐趣。同时，这种循环再生的理念将潜移默化地传达给更多的市民，让他们直观地体会这种生态低碳的旧城激活方式。

铺拉格花园

多层立体的设计构想

三、项目演变与"PLUG-IN CITY"（可移动的城市激活器）理念

铺拉格花园的面积仅为260m²。设计团队通过对罗湖区平面的抽离、建筑形态的拼接、色彩的抽象，形成花园的数个单元模块——可移动的植物艺术花箱装置。在具有弹性和多面性特定功能和模糊的空间内，使用者被允许改变其意义和用途。通过人们对该装置的推、拉、放置，可形成多元的单元空间，满足不同活动需求的场景布置及空间功能，诸如半围合半私密的阅读空间、内向围合式的聚会空间、外向开放式的展示空间等不同模式，都可以交给花园使用者来定义。而花园内的组合变化过程就像表演舞台，所呈现的所有活动都能给市民增添观赏趣味。

聚会空间

不同单元模块的组合

元素提取　　单元切割　　多面材质　　万象形式

方案演变过程示意图

三种组合场景模式

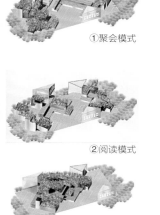

① 聚会模式

② 阅读模式

③ 展示模式

←- 游览动线
① 主题花境
② 炫彩花房
③ 洽谈空间
④ 炫彩花箱

平面图——花园的各种空间类型具有通达性与连接性，所有游客都可以通过
内的线路欣赏到各式各样的植物群落以及由它们形成的生境

四、具有二次生命的可持续装置

　　五彩缤纷的空间充满无尽快乐与想象。在这个空间中，花园整体为现代极简风格，采用雅致清新的糖果幻彩色为主色调形成一个可变化的梦幻花园空间。自然光线透过亚克力板艺术装置折射出彩虹的七种颜色光，带给市民愉悦的视觉享受和艺术体验。

花卉的选择运用大量的多年生植物和少量的一、二年生植物，确保了新景观的介入与花园整体和谐一致

艺术和自然主义相结合

羽叶薰衣草

水红箫杜鹃

欧洲月季

满天星

玛格丽特花

澳洲米花

狐尾天门冬

色彩搭配

五色梅

六倍利（潮水蓝）

超级鼠尾草

满天星（粉）

满天星（白）

态环境保证了群落和景观的稳定性，减少了后期养护管理成本

三个艺术装置：声、光、雾，这三件艺术装置使用了风动墙的新材料幻彩树脂

互动装置，增加童真和欢乐的氛围

声音艺术装置
声音之盒由街道日常噪声、虫鸣鸟叫及歌曲剪辑而成，分别代表城市、自然与再起航的精神。

雾浴艺术装置
雾浴之盒的"雾门"在风与光的作用下令周围恍如仙境，让市民仿佛沐浴其中。

光色艺术装置
光色之盒以大自然的光源为主要媒介，让场景美轮美奂。人们在走动时会看到折射出彩虹的七种颜色光，带给市民愉悦的视觉享受和艺术体验。

花园中有三件艺术装置，分别通过声、光、雾获得多层次、多感官的体验，为市民带来互动效果和沉浸体验，带市民感受城市过去的记忆。感官装置使用了风动的幻彩树脂，这是之前的风动墙从未使用过的材料，经过多次实验后最终形成了剖面为封闭拱形的幻彩树脂板固定于钢索之上，通过钢索逐点找平受力点保证其大跨度之下的水平效果。自动化感应播放的声音之盒和雾浴之盒营造出亲切又实用的景观体验。当人们靠近装置1m范围时，会自动开始播放虫鸣鸟叫等音乐，喷雾则在风与光的作用下散射，周围一片恍如仙境的效果。在花园展示期间，该装置成为孩子们最喜欢触碰探索的游戏点，在给孩子带来无尽乐趣的同时，也经受住了孩子们对其探索的考验。与此同时，高效自动化节约能源如自动化感应和太阳能LED灯的运用，达到了节能低碳的目的，减少了不必要的水电浪费。为了使市民更好地了解铺拉格花园，设计团队添加了一个互动网页。通过扫描花园入口的二维码，市民可以详细了解花园设计的初衷、灵感来源、可以变化的不同参考模式，以及未来在城市中的场景等。

为期22天的展览结束后，铺拉格花园以百变的形态再次出现在罗湖宝能的商业区街头，为往来的市民提供休息活动的空间场所。市民自由参与互动，无论是忙碌的上班族还是遛弯的家长和孩子，都能看到他们在花园中或休息或奔跑嬉戏的身影，实现了展览后的再利用。

组建过程

具有二次生命的可持续艺术花展

铺拉格花园亚克力标识

PLUG-IN GARDEN

设计公司名录

沈阳建筑大学HA+Studio

地址：辽宁省沈阳市浑南区浑南中路25号沈阳建筑大学

电话：15734008806

邮箱：15734008806@163.com

深圳市派澜景观规划设计有限公司

地址：深圳市南山区西丽街道西丽社区兴科路万科云城设计公社A01

电话：0755-23013039

邮箱：2082822324@qq.com

浙江安道设计股份有限公司（antao安道）

地址：浙江省杭州市拱墅区吉如路88号工万创意中心1号楼501室

电话：17826853048

邮箱：hanminxue@antaogroup.com

GVL怡境国际设计集团

地址：广州市天河区华夏路49号之一801~810房

电话：18665655423

邮箱：180263291@qq.com

深圳市迈丘景观规划设计有限公司

地址：深圳市南山区万海大厦C座1201

电话：0755-26605733

邮箱：Lyon_tan@metrostudio.it

四川乐道景观设计有限公司

地址：成都青羊总部基地F15-803

电话：028-61318899

邮箱：leda0203@163.com

上海艾源筑景景观设计有限公司

地址：上海市徐汇区柳州路399号甲G层

电话：13817567072

邮箱：2807773595@qq.com

重庆沃亚景观规划设计有限公司

地址：重庆市渝北区栖霞路16号融创金贸时代北区8栋2004

电话：023-67309371

邮箱：teamc@voyagroup.cn

澜道设计机构

地址：上海市长宁区法华镇路525号D座301室

电话：021-52586996

邮箱：marketing@lvpgroup.com

深圳市杰地景观规划设计有限公司（GND杰地景观）

地址：深圳市罗湖区宝安北路3038号宝能慧谷C座13A层39号

电话：0755-82777520

邮箱：gnd@gnd.hk

上海以和景观设计有限公司

公司地址：湖北省武汉市武昌区东湖路楚天181文化创意产业园

公司电话：027-87123567

重庆蓝调城市景观规划设计有限公司

地址：重庆市渝北区黄山大道中断70号两江星界2栋14、15楼

电话：023-67398082

邮箱：75778227@qq.com

奥雅股份

地址：深圳市南山区招商街道水湾社区蛇口兴华路南海意库5栋302B、303、304、404

电话：18503058627

邮箱：hai.jiang@aova-hk.com

WTD纬图设计

地址：重庆市渝北区栖霞路金贸时代南区8栋

电话：023-67001882

邮箱：wisto2020@163.com

ACA麦垦景观

地址：深圳市南山区深圳湾科技生态园5栋A座10层

电话：19926424389

邮箱：helen@aca-china.com

成都赛肯思创享生活景观设计股份有限公司

地址：四川省成都市锦江区锦盛路2号煦华国际商务中心7号楼

电话：028-64911115

邮箱：635948096@qq.com

DAOYUAN | 道远设计

地址：重庆市江北区大石坝街道下六村江利A-041栋道远设计中心

电话：023-67779067

邮箱：29722748@qq.com

SED新西林景观国际

地址：深圳市福田区金田路3038号现代国际大厦2105、2805室

电话：0755-82557852

邮箱：planning@sedgroup.com